MÜNCHENER UNIVERSITÄTSSCHRIFTEN
FAKULTÄT FÜR GEOWISSENSCHAFTEN

in

MÜNCHENER GEOGRAPHISCHE ABHANDLUNGEN

Münchener Universitätsschriften

Fakultät für Geowissenschaften

# MÜNCHENER GEOGRAPHISCHE ABHANDLUNGEN

Geographisches Institut der Universität München

Herausgegeben
von

Professor Dr. H. G. Gierloff-Emden          Professor Dr. F. Wilhelm

Schriftleitung: Dr. St. v. Gnielinski

Band 13

HANS PIEHLER

## Die Entwicklung der Nahtstelle von Lech-, Loisach- und Ammergletscher vom Hoch- bis Spätglazial der letzten Vereisung

Mit 29 Abbildungen, 14 Tabellen und einer Karte

1974

Geographisches Institut der Universität München
Kommissionsverlag: Geographische Buchhandlung, München

Rechte vorbehalten

Ohne ausdrückliche Genehmigung der Herausgeber ist es nicht gestattet, das Werk oder Teile daraus nachzudrucken oder auf photomechanischem Wege zu vervielfältigen.

Ilmgaudruckerei 8068 Pfaffenhofen/Ilm, Postfach 86

Anfragen bezüglich Drucklegung von wissenschaftlichen Arbeiten, Tauschverkehr sind zu richten an die Herausgeber im Geographischen Institut der Universität München, 8 München 2, Luisenstraße 37.

Kommissionsverlag: Geographische Buchhandlung, München

ISBN 3 920 397 72 X

# Inhaltsverzeichnis

|  | Seite |
|---|---|
| Inhaltsverzeichnis | I |
| Verzeichnis der Tabellen | V |
| Verzeichnis der Abbildungen | VI |
| Verzeichnis der Bilder | VII |
| Vorwort | IX |
| **1. Einleitung** | 1 |
| 1.1 Arbeiten über den Lech- und Isarvorlandgletscher während der Würmeiszeit | 1 |
| 1.1.1 Zur Gliederung der Würmeiszeit | 1 |
| 1.1.2 Zur Entwicklung der Nahtstelle zwischen Allgäu und Isarvorlandgletscher | 1 |
| 1.1.3 Zur Frage der Ammerumlenkung | 2 |
| 1.2 Problemstellung und Zielsetzung | 2 |
| **2. Das Arbeitsgebiet** | 4 |
| 2.1 Geländebegehungen | 4 |
| 2.2 Abgrenzung des Arbeitsgebietes | 4 |
| 2.3 Geologischer Überblick | 4 |
| 2.4 Hydrographie | 5 |
| 2.4.1 Das Lechtal | 5 |
| 2.4.2 Das Illachtal | 6 |
| 2.4.3 Das Ammertal | 7 |
| **3. Einzugsgebiet und Stromrichtung der drei benachbarten Gletscher** | 8 |
| 3.1 Der Loisachgletscher | 8 |
| 3.2 Der Lechgletscher | 8 |
| 3.3 Der Ammergletscher | 9 |
| 3.3.1 Ausmaß der eiszeitlichen Lokalvergletscherung | 9 |
| 3.3.2 Teilströme des Ammergletschers | 10 |
| **4. Aufschlüsse und quantitative Untersuchungsmethoden** | 11 |
| 4.1 Aufschlüsse | 11 |
| 4.2 Quantitative Untersuchungsmethoden | 11 |
| 4.2.1 Theoretische Grundlagen | 11 |
| 4.2.2 Geröllauszählung | 11 |
| 4.2.3 Bestimmung des Karbonatanteils | 12 |
| 4.2.4 Bestimmung des Ca-Mg-Verhältnisses | 12 |
| 4.2.5 Korngrößenverteilung | 13 |
| 4.2.6 Rundungsgrade | 13 |
| 4.2.7 Längsachseneinregelung | 13 |
| 4.3 Statistische Auswertung der Geröllauszählungen | 14 |
| 4.3.1 Hypothesenprüfung | 14 |
| 4.3.2 Häufigkeitsverteilung | 14 |
| 4.3.3 t-Wert-Berechnung | 15 |
| 4.3.4 Signifikanzmatrix | 16 |
| **5. Die zeitliche Einordnung der Ammerumlenkung bei Peiting** | 17 |
| 5.1 Spezielle Zielsetzung | 17 |
| 5.2 Zeitliche Einordnung nach statistisch-morphometrischen Ergebnissen | 17 |
| 5.2.1 Die Schotter der Peiting-Schongauer Stufe | 17 |
| 5.2.2 Der Kristallinanteil im Bereich der Peiting-Schongauer Stufe | 19 |

I

| | Seite |
|---|---|
| 5.2.3 Der Kristallinanteil in den jüngeren Lechterrassen | 20 |
| 5.2.4 Der Kristallinanteil in der Hauptniederterrasse des Lechgletschers | 20 |
| 5.3 Zeitliche Einordnung auf Grund einer Terrassenkartierung | 21 |
| 5.3.1 Die Altenauer Terrasse | 21 |
| 5.3.2 Vergleich der Längsprofile verschiedener Ammerniveaus | 24 |
| 5.4 Die Lage des Eisrandes zum Zeitpunkt der Umlenkung | 24 |
| **6. Die maximale Erstreckung des Ammergletschers zwischen Lech- und Loisachgletscher** | **26** |
| 6.1 Spezielle Zielsetzung | 26 |
| 6.2 Unterscheidungskriterien der Gletschergebiete | 26 |
| 6.2.1 Geröllauszählungen | 26 |
| 6.2.2 Chemische Analysen | 26 |
| 6.3 Die Nahtstellen der Gletschergebiete | 27 |
| 6.3.1 Die Nahtstelle zwischen Lech- und Ammergletscher | 27 |
| 6.3.2 Die Nahtstelle zwischen Loisach- und Ammergletscher | 28 |
| **7. Die Entstehung des Illachgrabens** | **31** |
| 7.1 Spezielle Problemstellung | 31 |
| 7.2 Die Situation im Bereich des Kurzenrieder Grabens | 31 |
| 7.2.1 Die Moränen der Tannenberger Phase | 31 |
| 7.2.2 Die Schmauzenberg-Moräne | 32 |
| 7.2.3 Die Nahtstelle zwischen Lech- und Loisachgletscher | 33 |
| 7.2.4 Der Peitinger Schmelzwassersee | 33 |
| 7.3 Die Situation im Bereich der Illachterrassen | 34 |
| 7.3.1 Die Entstehung der Illachterrassen | 34 |
| 7.3.2 Die Entwicklung der Hydrographie im Bereich der Illachterrassen | 36 |
| **8. Zur Fortsetzung der Tannenberger Randlage im Bereich des Loisachgletschers** | **39** |
| 8.1 Spezielle Problemstellung | 39 |
| 8.2 Fortsetzung über Kalvarien- und Schloßberg bei Peiting | 40 |
| 8.2.1 Der innere Aufbau der sogenannten „Mittelmoränen" | 40 |
| 8.2.2 Morphogenese | 41 |
| 8.3 Fortsetzung über die Wessobrunner Moräne | 42 |
| 8.3.1 KNAUERs „verschleifte Würmmoräne" | 42 |
| 8.3.2 Die Situation westlich des Lechs | 42 |
| 8.3.3 Die Moränen zwischen Peiting und Hohenpeißenberg | 43 |
| 8.3.4 Die eigentliche Wessobrunner Moräne | 44 |
| 8.4 Die Entwässerung während der Tannenberg-Wessobrunner Phase | 46 |
| **9. Die Weilheimer Moräne und ihre altersmäßige Einordnung** | **48** |
| 9.1 Spezielle Zielsetzung | 48 |
| 9.2 Zur Frage der Existenz der Weilheimer Moräne | 48 |
| 9.2.1 Morphologie und Aufbau der Moräne | 48 |
| 9.2.2 Das Zellseer Trockental | 49 |
| 9.3 Zur Frage der altersmäßigen Einordnung der Weilheimer Moräne | 50 |
| 9.3.1 Die Situation im Bereich von Böbing | 50 |
| 9.3.2 Die Verknüpfung der Weilheimer und der Böbinger Moräne | 52 |
| 9.4 Der Rückzug von der Weilheimer Randlage | 53 |
| 9.4.1 Die Verlandung des südlichen Ammerseebeckens | 53 |
| 9.4.2 Das Oberhausener Becken und seine Auffüllung | 56 |
| **10. Der Rudersauer See und seine Entstehung** | **57** |
| 10.1 Einführung in die Problematik | 57 |
| 10.2 Die Sedimente des Rudersauer Sees | 59 |
| 10.2.1 Lage und Verbreitung der Seetone und Torfablagerungen | 59 |

II

III

| | Seite |
|---|---|
| 10.2.2 Pollenanalytische Untersuchungen | 60 |
| 10.2.3 Ergebnisse der Radiokohlenstoffanalysen und Folgerungen | 61 |
| 10.3 Morphogenese | 61 |
| 11. Die Entwicklung der Nahtstelle zwischen Lech-, Loisach- und Ammergletscher | 64 |
| 11.1 Problemstellung | 64 |
| 11.2 Die Maximalrandlagen der Würmeiszeit nördlich von Schongau | 64 |
| 11.2.1 Der periphere Endmoränengürtel | 64 |
| 11.2.2 Die Entwässerung während der Maximalrandlagen | 65 |
| 11.3 Erste Rückzugsphase | 66 |
| 11.4 Zweite Rückzugsphase | 67 |
| 11.4.1 Die Entwässerung | 67 |
| 11.4.2 Die Eisrandlage | 68 |
| 11.5 Dritte Rückzugsphase | 68 |
| 11.5.1 Die Entwässerung | 68 |
| 11.5.2 Die Eisrandlage | 69 |
| 11.6 Weitere Rückzugsphasen | 70 |
| 11.6.1 Vierte Rückzugsphase | 70 |
| 11.6.2 Die Altenauer Rückzugsphasen | 71 |
| 12.1 Zusammenfassung | 72 |
| 12.2 Summary | 73 |
| 12.3 Resumé | 73 |
| Literaturverzeichnis | 75 |
| Kartenverzeichnis | 79 |
| Anhang | 81 |
| Tabellen | 82 |
| Bilder | 93 |
| Karte | Beilage |

# Verzeichnis der Tabellen

| | | Seite |
|---|---|---|
| Tabelle 1: | Schotterauszählungen im Peitinger Schotterfeld | 82 |
| Tabelle 2: | Statistische Auswertung der Schotteranalysen | 82 |
| Tabelle 3: | t-Wert Matrix | 83 |
| Tabelle 4: | t-Verteilung | 84 |
| Tabelle 5: | Signifikanz-Matrix | 85 |
| Tabelle 6: | Korngrößenanalysen in den Schottern der Peiting-Schongauer Terrasse (Stufe 5) | 85 |
| Tabelle 7: | Zurundungsmessungen in den Schottern der Peiting-Schongauer Terrasse (Stufe 5) | 86 |
| Tabelle 8: | Ergebnisse der Schotterauszählungen im Bereich der Lechterrassen | 86 |
| Tabelle 9: | Verzeichnis der Terrassenreste der Altenauer Stufe | 87 |
| Tabelle 10: | Ergebnisse der Schotteranalysen und chemischen Untersuchungen zur Abgrenzung der drei Gletschergebiete | 88 |
| Tabelle 11: | Morphometrische Messungen im Aufschluß Schönberg (Liegendschotter) | 89 |
| Tabelle 12: | Einregelungsmessungen in der Schmauzenberg-Moräne | 89 |
| Tabelle 13: | Zurundungsmessungen im Aufschluß Böbing | 89 |
| Tabelle 14: | Aufschlußverzeichnis | 91 |

# Verzeichnis der Abbildungen

|  |  | Seite |
|---|---|---|
| Abb. 1: | Häufigkeitsverteilung der Stichprobenwerte (Aufschluß Schnalz) | 15 |
| Abb. 2: | Klassifizierung der Schotter der Peiting-Schongauer Terrasse nach Korngröße und Zurundung | 18 |
| Abb. 3: | Profile durch das Ammertal bei Kreut und Rottenbuch | 22 |
| Abb. 4: | Längsprofile der spätwürmglazialen Ammerterrassen sowie des heutigen Ammerlaufes | 23 |
| Abb. 5: | Schichtenaufbau der rechten Abbauwand im Aufschluß Schönberg (1972) | 28 |
| Abb. 6: | Übersicht über die morphometrischen Untersuchungen im Aufschluß Schönberg | 29 |
| Abb. 7: | Situgramme der Schmauzenberg-Moräne | 32 |
| Abb. 8: | Profil einer Brunnenbohrung am östlichen Rand des Peitinger Trockentales | 33 |
| Abb. 9: | Entstehung des Illachgrabens bei Schwarzenbach | 35 |
| Abb. 10: | Schematisches Profil durch Schloßberg und Kalvarienberg bei Peiting | 40 |
| Abb. 11: | Schichtenaufbau im Aufschluß Böbing (1972) | 51 |
| Abb. 12: | Auswertung der Zurundungsmessungen im Aufschluß Böbing | 52 |
| Abb. 13: | Profile von Baugrundbohrungen am südlichen Ende des verlandeten Ammerseebeckens bei Oderding | 54 |
| Abb. 14: | Nord-Süd-Profile durch das Oberhausener Becken nach Bohrungen der BHS-AG | 55 |
| Abb. 15: | Die Ablagerungsfolge des ehemaligen Rudersauer Sees | 58 |
| Abb. 16: | Lageskizze der wichtigsten Aufschlüsse | 90 |

# Verzeichnis der Bilder

|  |  | Seite |
|---|---|---|
| Bild 1: | Das Ammerknie bei Peiting | 93 |
| Bild 2: | Das Peitinger Trockental | 94 |
| Bild 3: | Die Altenauer Terrasse bei Wimpes | 95 |
| Bild 4: | Der Übergangskegel der Altenauer Terrasse | 96 |
| Bild 5: | Aufschluß Schmauzenberg | 97 |
| Bild 6: | Panorama von Kalvarienberg und Schloßberg bei Peiting | 98 |
| Bild 7: | Aufschlußwand „Lechhalde" auf der Westseite des Kalvarienbergs | 99 |
| Bild 8: | Die Wessobrunner Moräne | 100 |
| Bild 9: | Trocken gefallene Abflußrinne der Wessobrunner Randlage | 101 |
| Bild 10: | Terrassenrest im Zellseer Trockental | 102 |
| Bild 11: | Die Rudersauer Seetone und ihre Ablagerungsfolge | 103 |
| Bild 12: | Holzrest aus dem basalen Torfhorizont | 104 |
| Bild 13: | Fichtenzapfen aus beiden Torfhorizonten | 105 |

# Vorwort

Die Anregung zu der vorliegenden Arbeit erhielt ich von meinem verehrten Lehrer, Herrn Prof. Dr. F. Wilhelm. Ihm möchte ich für die wissenschaftliche Betreuung, die organisatorische Unterstützung sowie für seinen persönlichen Einsatz bei den mehrmaligen Geländebegehungen recht herzlich danken. Darüberhinaus bin ich ihm für die Überlassung von Institutseinrichtungen zur Auswertung der Proben und des Zahlenmaterials zu Dank verpflichtet.

Besonderer Dank gebührt auch Prof. Dr. H. Heuberger, München, Prof. Dr. W. Jung, München, Prof. Dr. I. Schaefer, Regensburg, Dr. Th. Diez vom Bayerischen Geologischen Landesamt, Dr. H. Ch. Höfle vom Niedersächsischen Landesamt für Bodenforschung sowie Dr. H. Schroeder-Lanz, Trier, die durch ihre Diskussionsbeiträge und Hinweise wesentlichen Anteil an der Abklärung der Arbeit haben. Danken möchte ich auch meinen Kollegen am Gymnasium Schongau, Gym. Prof. H. Fleischmann, OStR G. Klein und OStR D. Utz, die großes Interesse am Fortgang der Untersuchungen zeigten und mich sehr oft im Gelände begleiteten.

Die Bohrungsunterlagen wurden mir freundlicherweise von den Direktionen der Fa. Moralt, Bad Tölz und der Bayerischen Hütten- und Salzwerke AG, Bergwerk Peißenberg, sowie von Ing. A. Grundner vom Straßenbauamt Weilheim zur Verfügung gestellt.

Für die durchgeführten Pollenanalysen habe ich Herrn Dr. Grüger von der Abteilung für Palynologie der Universität Göttingen zu danken. Die Kommentierung der Ergebnisse stammt von Prof. Dr. H. J. Beug, dem ich hierfür meinen aufrichtigen Dank ausspreche. Die Radiokarbondatierungen sind vom Niedersächsischen Landesamt für Bodenforschung, Hannover, dankenswerterweise vorgenommen worden. Die Sedimentproben wurden im Labor des Geographischen Instituts der Universität München untersucht, wobei ich Herrn F. Skoda für die freundliche Anleitung und Hilfe dankbar bin.

Ein tiefer Dank gilt auch meiner Frau. Sie hat mich bei vielen Begehungen im Gelände begleitet und durch ihre tatkräftige Unterstützung bei der Fertigstellung der Arbeit viel zum Gelingen beigetragen. Die Reinzeichnung der Abbildungen übernahm freundlicherweise Herr Th. Janßen. Meinen Kollegen, Asst. Prof. J. W. Schmidt, University of Pittsburgh (z. Zt. am Gymnasium Schongau) und OStR E. Keltsch, möchte ich für die Mithilfe bei der Formulierung der englischen und französischen Zusammenfassung herzlich danken.

Den Herausgebern der Münchener Geographischen Abhandlungen, Prof. Dr. H. G. Gierloff-Emden und Prof. Dr. F. Wilhelm, statte ich für die Aufnahme meiner Arbeit in diese Reihe meinen Dank ab. Dr. Stefan von Gnielinski danke ich für die mühevolle Tätigkeit als Schriftleiter.

Peiting, im Mai 1973                                                                                      Hans Piehler

# 1. Einleitung

## 1.1 Arbeiten über den Lech- und Isarvorlandgletscher während der Würmeiszeit

### 1.1.1 Zur Gliederung der Würmeiszeit

Die Gliederung der letzten Eiszeit kann als eines der zentralen Probleme der Eiszeitforschung angesehen werden. Eine ganze Anzahl von Arbeiten befaßt sich mit diesem Thema. Sie seien hier nur soweit angeführt, als sie mit dem eigentlichen Arbeitsgebiet in Zusammenhang stehen.

Nachdem A. PENCK (1921/22) die Laufen- und Achenschwankung aufgegeben hatte, legte er in die Würmeiszeit nur noch einen Gletschervorstoß. Den Rückzug gliederte er in drei rings um die Alpen verfolgbare Rückzugsstadien, die er als Bühl-, Gschnitz- und Daunstadium bezeichnete. Auch C. TROLL (1925) geht nur von einer Würmvereisung aus, wobei er die äußeren Endmoränen drei Rückzugsphasen zuordnet. Diese liegen alle außerhalb der Stammbecken. Innerhalb der Zungenbecken gliedert er noch das sogenannte „Ammerseestadium" aus. B. EBERL (1930) schließlich spricht von drei selbständigen Gletschervorstößen innerhalb der Würmeiszeit, die durch Interstadiale getrennt sind. Bei ihm taucht zum ersten Mal der Gedanke von der Erhaltung überfahrener Endmoränen auf. Das Eis des W II-Vorstoßes glitt danach über die W I-Endmoränen hinweg, während die W III-Vereisung im allgemeinen hinter der W I-Randlage zurückblieb.

Ähnlicher Ansicht war auch J. KNAUER (1935), der den Ausdruck „verschleifte Würmmoränen" prägte. Darüber entstand ein Streit zwischen ihm und C. TROLL, in den später auch K. GRIPP (1940) und C. RATHJENS (1951) eingriffen. Dieser Streit brachte ein reiches Beobachtungsmaterial, jedoch keine endgültige Klärung.
H. GRAUL und I. SCHAEFER (in SCHAEFER I., GRAUL H. und BRUNNACKER K., 1953) waren sich in der Ablehnung der Dreigliederung der Würmeiszeit völlig einig, allerdings ist die Diskussion um das würmeiszeitliche Interstadial, wie es von I. SCHAEFER vertreten wird, noch nicht abgeschlossen. Insbesondere J. BÜDEL (1950, 1960) wandte sich entschieden gegen eine Untergliederung der Würmeiszeit durch einzelne Interstadiale. Seine Vereisungskurve (1960, S. 37) gibt das Bild einer einheitlichen Eiszeit wieder, in deren Verlauf lediglich kleinere Klimaschwankungen auftraten (Göttweig, Paudorf, Bölling, Alleröd). Als schließlich E. C. KRAUS (1955, 1961, 1962) über den Murnauer Vorstoßschottern einen innerwürmischen Verwitterungsboden entdeckte, kam es zu einem recht heftigen Streit zwischen ihm und J. BÜDEL (1962). Letzterer sah in den taschenförmigen Verbraunungen unter der Grundmoränendecke die Überreste eines vollwarmzeitlichen Bodenprofils, welches über röhrenförmige Verbindungskanäle mit der postglazialen Verwitterungsrinde verzahnt ist. Die Ergebnisse einer Exkursion der Deutschen Quartärvereinigung faßte K. KAISER (1963) so zusammen, daß die aufgeschlossenen Profile nicht geeignet sind, um beweiskräftige Kriterien für die Existenz eines Innerwürmbodens zu liefern.

Erst in jüngster Zeit wurde nun durch die Radiokarbondatierungen der Funde von H. CH. HÖFLE (1969) bei Steingaden und F. FLIRI (1970, 1971) bei Innsbruck diese Problematik neu aufgegriffen. So wurde bereits die Frage gestellt, ob nicht sogar ein Interglazial angenommen werden muß (H. SCHROEDER-LANZ, 1971). Da eine endgültige Klärung diesbezüglich noch aussteht, soll im Zuge dieser Arbeit die Bezeichnungsweise Würm I (W I) und Würm II (W II) beibehalten werden.

### 1.1.2 Zur Entwicklung der Nahtstelle zwischen Allgäu- und Isarvorlandgletscher

Bezüglich der Erstreckung des Ammergletschers gehen die Ansichten beträchtlich auseinander. Während A. PENCK/E. BRÜCKNER (1901/09) das nördliche Ende des Ammergletschers nur im Bereich von Bayersoien vermuten, war dieser nach R. v. KLEBELSBERG (1913) und B. EBERL (1930) mit am Aufbau der äußeren Moränenwälle nördlich von Schongau beteiligt. Dies setzt natürlich voraus, daß Lech- und Loisachgletscher während der Maximalrandlage lediglich am nördlichen Ende zusammenstießen, so daß dazwischen genügend Raum zur Entfaltung der schmalen Ammergletscherzunge blieb.

Eine solche Auffassung wird auch von A. ROTHPLETZ (1917) und L. SIMON (1926) im wesentlichen vertreten. Diese beiden Autoren gliedern in ihren Übersichtskarten acht bzw. sieben „Rückzugsmoränen" bis zum Alpenrand aus. Eine Verknüpfung entsprechender Moränen im Bereich Lech-/Loisachgletscher wird jedoch nicht versucht. Die Möglichkeiten, wie sie von C. TROLL (1925, 1954), J. KNAUER (1935) und C. RATHJENS (1951) dargelegt werden, decken nur in Ansätzen den wahren Sachverhalt auf. Daß eine Verknüpfung der Randlagen nur über die von den gemeinsamen Schmelzwässern aufgeschütteten Schotterterrassen möglich ist, hat C. TROLL (1925) eindeutig herausgestellt. Kartenarbeit allein kann angesichts des sehr komplizierten Reliefs im Bereich der Molassemulden nicht zur Klärung beitragen; dies lassen alle erwähnten Arbeiten erkennen. Nur eingehende Geländeüberprüfung und Detailuntersuchungen können hier weiterhelfen.

Gegen W ist die Grenze Lech-/Ammergletscher ebenfalls umstritten (vgl. beiliegende Karte mit den Kartenskizzen nachstehend aufgeführter Autoren). C. TROLL (1925), L. SIMON (1926) und B. EBERL (1930) erblicken in dem nordsüdlich verlaufenden Moränenwall westlich des Illachgrabens die erste deutlich ausgeprägte Rückzugsbildung des Ammergletschers. Der Grund dafür liegt in der nach W ausladenden Form dieses Moränenwalles. Die gleichaltrige östliche Zungenbegrenzung sehen sie im Kirchberg von Wildsteig. Demnach wäre die Furche des Kläperfilzes und des Schwarzenbachs als Nahtstelle anzusprechen. Allerdings hat H. Ch. HÖFLE (1969) in seiner geologischen Kartierung des Blattes Bayersoien die Nahtstelle in den Bereich der Illachterrassen verlegt und dafür Gründe aufgeführt.

### 1.1.3 Zur Frage der Ammerumlenkung bei Peiting

Als erster erkannte A. PENCK, daß es sich hierbei um die Laufverlegung eines Flusses handelt. Er hatte bereits 1882 in einem Münchner Vortrag dargelegt, daß die Ammer früher über Schongau zum Lech floß (F. BAYBERGER, 1912, S. 17). In der Literatur taucht dieses Problem erstmals bei F. BAYBERGER (1912) auf.

M. RICHTER (1932) möchte die Entstehung des Ammerknies auf Grund von tektonischen Ereignissen klären. Er faßt die tiefe Erosionsschlucht der Ammer als das Ergebnis einer Hebung im Bereich der subalpinen Molasse auf. Gegen diese Auffassung wendet sich J. KNAUER (1952), der die Bildung des Ammertals mit der des Mangfalltals parallelisiert: „Beide haben die gleiche Bildungsgeschichte, nämlich Ableitung des postglazialen Flusses zu einem tiefer gelegenen Becken hin" (J. KNAUER 1952, S. 17). Demnach wäre dieses Ereignis relativ spät anzusetzen, als die Gletscher sich bereits wieder in die Alpentäler zurückgezogen hatten.

Kaum Beachtung fand in diesem Zusammenhang bisher die jeweilige Lage des zurückschmelzenden Loisachgletschers in seinem Zungenbecken. Der Weilheimer Gletscherhalt, der bei den meisten Autoren als einzige Unterbrechung des Gletscherrückzuges erscheint, wurde von J. KNAUER (1944) stark in Frage gestellt.

## 1.2 Problemstellung und Zielsetzung

Aus diesem Überblick über die wissenschaftliche Erforschung des Jungpleistozäns wird deutlich, daß die Nahtstelle zwischen Loisach- und Lechgletscher gegenüber den Gletschergebieten selbst nur wenig untersucht wurde. Der große Forschungsrückstand wird erklärlich, wenn man bedenkt, daß dieses Gebiet eben am Rande der Arbeitsgebiete mancher Forscher lag, so daß Moränenwälle oft nur der Vollständigkeit wegen eingezeichnet wurden, ohne Überprüfung im Gelände: „Nach der Karte allein ist es unmöglich, die weitere Fortsetzung gegen Süden ausfindig zu machen. Ich habe sie nur vermutungsweise auf die Westseite des Schnaidberges verlegt und bis Rudersau eingezeichnet, wo sie über die Illach herüber, wahrscheinlich sogar in zwei getrennten Bögen nach Schönegg zieht" (A. ROTHPLETZ 1917, S. 190). Der Weg zur Lösung des Problems wird von C. TROLL (1925, 1954) eindeutig gewiesen. Eine Parallelisierung von Randlagen ist nur über die Untersuchung der Schmelzwasserterrassen möglich. Erste Geländebegehungen ließen jedoch erkennen, daß auch die von C. TROLL entworfenen Kartenskizzen über die Glaziallandschaft zwischen Lech und Ammer an manchen Stellen verbesserungsbedürftig waren.

So ergaben sich aus dem Studium der Literatur folgende Probleme:
— Erstreckung des Ammergletschers gegen Norden zur Zeit des Höchststandes der Vergletscherung
— Verlauf der Nahtstelle zwischen Lech- und Loisachgletscher
— Verlauf der Nahtstelle zwischen Lech- und Ammergletscher
— Existenz einer Mittelmoräne zwischen Lech- und Loisach- bzw. Ammergletscher, wie sie in vielen Arbeiten in Form des Kalvarien- und Schloßberges bei Peiting erwähnt wird
— Existenz und Verlauf der Tannenberger Randlage im Bereich des Loisachgletschers
— Überprüfung der Kriterien, die für eine Überfahrung der Wessobrunner Moräne sprechen
— Existenz und zeitliche Einordnung der Weilheimer Moräne
— Entstehung des Illachgrabens einschließlich seiner Fortsetzung im Kurzenrieder Graben
— Festlegung des Zeitpunktes der Ammerumlenkung

Um hier eine Klärung der anstehenden Probleme herbeiführen zu können, mußte das Arbeitsgebiet auf seinen spezifischen glazialmorphologischen und -geologischen Inhalt untersucht werden. Die Anwendung spezieller Untersuchungsmethoden wie Bohrungen, Profilaufnahmen, Korngrößenbestimmungen, Zurundungs- und Einregelungsmessungen, sowie Schotterauszählungen und chemische Analysen resultiert aus der Erkenntnis, daß eine exakte Morphogenese nicht ohne Kenntnis des strukturellen Aufbaus des Gebietes durchgeführt werden kann.

Das Ziel der Arbeit läßt sich danach in folgenden Punkten umreißen:

1. Der Zeitpunkt der Ammerumlenkung soll möglichst genau eingegrenzt werden. Zu diesem Zweck ist es notwendig, die Schotter der Lechterrassen zwischen Schongau und Landsberg nach petrographischen Änderungen zu untersuchen, um Rückschlüsse auf die beim Aufbau beteiligten Schmelzwasserströme ziehen zu können.

2. Ermittlung der maximalen Erstreckung des Ammergletschers zwischen dem benachbarten Lech- und Loisachgletscher. Insbesondere sind die Nahtstellen ausfindig zu machen. Die Existenz geeigneter Abgrenzungskriterien für das randlich jeweils zur Ablagerung gekommene Material muß gezeigt werden.

3. Die Entstehung des Illachgrabens und seiner Fortsetzung, dem Kurzenrieder Graben, soll geklärt werden, wobei besonders die Illachterrassen südlich von Wildsteig morphogenetisch gedeutet werden müssen.

4. Die Fortsetzung der Tannenberger Moräne im Bereich des Loisachgletschers soll herausgefunden werden. Dazu ist es unumgänglich, die sog. „Mittelmoräne" im Schloßberg und Kalvarienberg bei Peiting sowie die „verschleifte" Wessobrunner Moräne bezüglich ihres Aufbaus zu untersuchen.

5. Einordnung der Weilheimer Moräne in die spätglazialen Rückzugsphasen. Dabei ist zunächst die Behauptung J. KNAUERs (1944) zu widerlegen, der die Existenz einer solchen Moräne überhaupt ablehnt. Weiterhin ist die allmähliche Freigabe des südlichen Ammerseebeckens durch das abschmelzende Eis zu verfolgen, ganz besonders im Hinblick auf mögliche Veränderungen in den hydrographischen Verhältnissen.

6. In einer Art Zusammenschau soll schließlich die Entwicklung der Nahtstelle dreier Gletscher dargelegt werden, wobei der Einfluß des Reliefs des Untergrundes für die Form und Lage der Rückzugsphasen Berücksichtigung finden muß.

## 2. Das Arbeitsgebiet

### 2.1 Geländebegehungen

Die Geländearbeiten für die vorliegende Untersuchung wurden in dem Zeitraum Juni 1970 bis März 1973 durchgeführt. Alle quantitativen Erhebungen wie die Aufschluß-Profilaufnahmen erfolgten innerhalb dieses Zeitraumes. Durch die verhältnismäßig lange Beobachtungsspanne konnte den ständig wechselnden Aufschlußverhältnissen Rechnung getragen werden. Die Anzahl der für die Untersuchung geeigneten Aufschlüsse konnte somit beträchtlich erhöht werden, was sich insbesondere im Bereich der Moränenablagerungen auf Molasseuntergrund vorteilhaft auswirkte.

### 2.2 Abgrenzung des Arbeitsgebietes

Unter Berücksichtigung der im vorangehenden Kapitel aufgeführten Zielsetzung war das Arbeitsgebiet im wesentlichen festgelegt. Allerdings mußte es im Verlauf der Untersuchungen beträchtlich nach N und NE ausgeweitet werden. Es bedeckt nahezu ganz die Blätter 7931, 8031, 8131, 8132, 8231, 8232, 8331, 8332 der Topographischen Karte 1 : 25000, sowie die unmittelbar angrenzenden randlichen Streifen der Blätter 7930, 8032, 8431 und 8432. Somit reicht das Untersuchungsgebiet im W bis zum Auerberg, im E umfaßt es noch den westlichen Teil des Zungenbeckens des Loisachgletschers, im S bildet das breite und tiefverschüttete Ammerlängstal die Begrenzung und im N die ausgeprägte Terrassenlandschaft des Lechs um Landsberg.

### 2.3 Geologischer Überblick[1]

Von S nach N lassen sich im Arbeitsgebiet drei geologische Einheiten unterscheiden:

    a) die Flyschzone
    b) die Faltenmolasse oder subalpine Molasse
    c) die Vorlandmolasse

Zwischen den bewaldeten Flyschhängen des Hohen Trauchbergs und der Hörnlegruppe ist das größtenteils verlandete Zungenbecken des Ammergletschers eingesenkt. In diesem Bereich erreicht der ostalpine eozäne Flysch nochmals Höhen über 1600 m (Hohe Bleick 1638 m). Eine Unzahl von Gräben durchzieht die quellhorizontbildenden, dunklen Mergelschichten. Bachaufschlüsse sowie zahlreiche Abrißnischen von Erdschlipfen gestatten einen Einblick in die Moränenverkleidung, die bis ca. 1100 m hinaufreicht (R. v. KLEBELSBERG 1914, S. 227). Östlich von Altenau tritt die Grenze Moräne/Flysch morphologisch in Gestalt eines Böschungsknicks deutlich in Erscheinung.

Der Südrand der Faltenmolasse, hier der Murnauer Mulden-Südflügel, ist weitgehend durch die Flyschstruktur geprägt worden. Diese grenzen mit steilen Aufschiebungsstörungen an die vorwiegend oligozäne und untermiozäne Molasse, wobei Überfahrungsbeträge von mindestens 10–15 km angenommen werden. Die Molasse wurde von ihrem mesozoischen Untergrund abgeschert und gegen N zusammengeschoben. Damit ist die subalpine Molasse in den alpinen Faltenbau einbezogen und mit ihm verschweißt worden. Bei diesen Stauchungen wurden die Faltenschenkel zum Teil zerrissen; die Sättel wurden stark ausgequetscht oder tauchten an Brüchen ein. Die widerstandsfähigen Gesteinsschichten in den aufgebogenen Muldenrändern verliefen als west-oststreichende Härtlingszüge quer zur Fließrichtung des Gletschereises. Man unterscheidet von S nach N:

---

[1] Für freundliche Hinweise habe ich Herrn Prof. Dr. W. D. Grimm, München, zu danken.

               a) die Murnauer Mulde
               b) die Rottenbucher Mulde
und       c) die Peißenberger Mulde.

Die größte Breite erreicht die Murnauer Mulde (ca. 5 km). Ihr südlicher Flügel wird bei Roßhaupten vom Lech durchbrochen und zieht vom Illasberg (856 m) über den Buchberg (889 m) und Eschenberg (886 m) zum Schneidberg (1012 m), wo er seine höchste morphologische Erhebung besitzt. Östlich der Ammer kann man ihn über den Wetzstein (932 m) und den Höhenzug Bad Kohlgrub — Murnau weiter verfolgen. Nach dem scharfen Umbiegen bei Sindelsdorf setzt er sich im nördlichen Synklinalflügel fort, der innerhalb des Arbeitsgebietes in folgenden Erhebungen in Erscheinung tritt: Spindlerwald (nördlich Uffing 779 m), Kirnberg (907 m), Lettigenbichl (842 m), Schönegg (875 m) und Illberger Wald (938 m). Zwei langgestreckte Riedel, „Auf der Egge" und „Vordergründl", ergeben die Fortsetzung bis zum Lech.

Der Murnauer Mulde ist die schmälere Rottenbucher Mulde vorgelagert. Der Nordflügel — Schnalz (903 m), Straußberg (819 m), Schnaidberg (875 m) — grenzt entlang der sog. Ammertalüberschiebung an die Peißenberger Kohlenmulde, die auf Grund der pechkohleführenden Cyrenenschichten bis zur Schließung der Bergwerke Peiting/Peißenberg von großer wirtschaftlicher Bedeutung war. Der tektonische Alpenrand wird durch die Linie Hoher Peißenberg (988 m) — Auerberg (1055 m) nachgezeichnet. Nördlich davon beginnt der Bereich der ungefalteten Molasse, deren aufgeschleppter Südrand in den beiden letztgenannten Erhebungen morphologisch in Erscheinung tritt.

Es muß hier angemerkt werden, daß die unruhige Morphologie im Bereich der Muldenränder die Kartierung von Eisrandlagen sehr erschwert. Zwischen Molassehärtlingen und den durch Glazialeinflüsse verursachten Vollformen kann nur schwer unterschieden werden, zumal in diesem Bereich Aufschlüsse selten sind.

Nördlich der Linie Hoher Peißenberg — Auerberg beginnt die ungefaltete oder Vorlandmolasse. Hier wurden in der Bohrung Eberfing (südöstlich von Weilheim) nacheinander folgende Schichten angefahren: Obere Süßwassermolasse, Obere Meeresmolasse, Obere Bunte Molasse, Untere Bunte Molasse, Baustein-Schichten und Tonmergel-Schichten. Die Obere Süßwassermolasse des Obermiozän gewinnt als Grundwasserstauer des nördlichen Arbeitsgebietes ihre enorme Bedeutung. Im altbayerischen Sprachgebiet wird sie als Flinz bezeichnet.

## 2.4 Hydrographie

Zwei größere Flüsse, der weitgehend in südnördlicher Richtung fließende Lech und die bei Peiting nach E abbiegende Ammer, bestimmen die Hydrographie des Arbeitsgebietes. Während des Rückzugs der Vorlandgletscher vereinigten sich beide unmittelbar an der Durchbruchstelle durch die maximalen Endmoränen bei Hohenfurch und bauten gemeinsam die „Terrassenlandschaft des Lechs" auf, bis schließlich die Ammer zum Ammerseebecken hin abgelenkt wurde.

### 2.4.1 Das Lechtal

Der Lech tritt im SW bei Lechbruck in das Untersuchungsgebiet ein, wo er sich zunächst in dem Abschnitt bis Burggen durch die alttertiären Schichtrippen der Rottenbucher und Peißenberger Molassemulde sägen muß. Bei Niederwies mündet er in den Dornauer Stausee, eine der zahlreichen Staustufen, die den Lech gebändigt haben. Von Schongau bis zur Nordgrenze des Arbeitsgebietes sind es weitere neun Stauanlagen, die vornehmlich der Elektrizitätsgewinnung dienen. Dieser Flußabschnitt ist gekennzeichnet durch eine Fülle spät- und postglazialer Mäander auf verschiedenen Niveaus, so daß man allgemein von der „Terrassenlandschaft des Lechs" spricht.

Die Ursache der Terrassenbildung wird in einem klimatisch bedingten Wechsel zwischen Tiefen- und Seitenerosion gesehen. Für die ältesten Terrassen, die sich mit Endmoränen verknüpfen lassen, ist die Entstehung relativ klar: Die Tieferlegung des Flußbettes in die von den Schmelzwässern zuvor aufgeschütteten Sedimente erfolgte während des Rückzugs der Gletscherstirn. Während des Verweilens des Eisrandes herrschte Seitenerosion, die zum Schluß in schwache Aufschotterung überging (I. SCHAEFER 1950). Der Entstehung eines Rückzugsmoränenkranzes entspricht somit zeitlich die Ausbildung eines Talbodens, der nach neuerlicher Tiefenerosion zur Terrasse wurde.

Die Rekonstruktion des jeweiligen Terrassenverlaufs bereitet häufig Schwierigkeiten, da einzelne Terrassen infolge des Mäandrierens des Lechs auf weite Strecken erodiert wurden. Auf Grund von Höhen- und Gefällsvergleichen sowie durch Vergleich der Bodenbildungen konnte TH. DIEZ (1968) sechzehn Terrassenstufen ausgliedern. Die obersten fünf Stufen konnte er mit den Endmoränenständen des Lechgletschers parallelisieren, die zweitjüngste Stufe ist durch frührömische Funde datierbar.

Zum Verständnis der Arbeit sind folgende Terrassenstufen von Bedeutung (vgl. Karte):

a) Die *Hauptniederterrasse* (Stufe 1) geht unmittelbar aus dem Übergangskegel der äußersten Endmoräne nördlich Hohenfurch hervor und erstreckt sich in einer Breite von 1,5 – 3 km bis etwa Unterdießen.

b) Die *Stufe von Altenstadt* (Stufe 3) wurzelt an den Endmoränen der Tannenberger Phase. Ihre Schmelzwässer durchbrachen den äußersten Moränenwall. Die Terrasse selbst läßt sich bis zum nördlichen Kartenrand verfolgen.

c) Die *Stufe von Hohenfurch* (Stufe 4) verläuft zunächst als mäandrierendes Trockental von Schongau bis Hohenfurch. Zu dieser Zeit nahm der Lech folglich noch nicht seinen heutigen Lauf. Die Entstehung erfolgte während des Rückzuges zur Haslacher Randlage. Die Terrasse ist im Talabschnitt Kinsau – Epfach völlig erodiert.

d) Zur Zeit der *Peiting-Schongauer Stufe* (Stufe 5) floß der Lech bereits nach W durch die Enge von Finsterau. Dieses Niveau ist auch im Bereich der Ammer, im Peitinger Trockental, erhalten. Der zugehörige Eisrand des Lechgletschers wird durch die Endmoränen der Bernbeurer Phase nachgezeichnet. Während die Terrasse im Talabschnitt Schongau – Epfach völlig fehlt, bedecken ihre Sedimente im Talabschnitt Pitzling – Landsberg ein über 5 km breites Tal mit einem Durchschnittsgefälle von ca. 4‰.

e) Die nächstjüngere *Stufe von Unterigling* (Stufe 6) kreuzt die Schongau-Peitinger Terrasse am südlichen Stadtrand von Landsberg. Die Schotter dieser Stufe sind vor allem von der Petrographie her von besonderem Interesse. Einer Verknüpfung dieser Terrasse mit Moränen des sog. Ammerseestadiums (C. TROLL 1925) am Nordrand des Füssener Beckens muß widersprochen werden.

## 2.4.2 Das Illachtal

Wichtigster Nebenfluß des Lechs innerhalb des Arbeitsgebietes ist die Illach, deren Quellgebiet die Flyschhänge des Hohen Trauchbergs sind. Wie der Lech muß sie sich durch die Molassehärtlinge der Murnauer- und Rottenbucher Mulde sägen. Auf diese Weise entstand das grabenartige, bis zu 70 m tief eingesenkte Durchbruchstal, der Illachgraben. Bei Rudersau biegt die Illach rechtwinklig nach W ab und mündet nordöstlich von Lechbruck in den Lech.

Die ehemalige Fortsetzung des Illachgrabens, der Kurzenrieder Graben, liegt heute trocken. Die Illach, die ehemals südlich von Peiting in die Urammer mündete, wurde zu einem Nebenfluß des Lechs. Somit verschob sich auch die Wasserscheide zwischen den Einzugsgebieten von Lech und Ammer beträchtlich nach E.

## 2.4.3 Das Ammertal

Die beiden niedrigen Talwasserscheiden, der Ammerwald- und der Ettaler Sattel, begrenzen das Quellgebiet der Ammer gegen Loisachtal und Planseebecken. Die Talfurche beginnt bei dem Sattelpunkt gegen den Plansee und wird zunächst ganz von der Linder eingenommen, deren Quellbäche aus dem Ammergebirge und dem Kuchelberg-Friederberg-Massiv kommen. Dieses verhältnismäßig breite und tief verschüttete Längstal trägt den Namen Lindergries. Ein Teil des herangeführten Wassers versickert in den mächtigen Schuttmassen und kommt erst östlich von Graswang als Talquellen (große und kleine Ammerquellen) zu Tage. Trotzdem wird das Lindergries allgemein als Oberlauf der Ammer bezeichnet. Noch während der letzten Interglazialzeit mündete das Ammerlängstal bei Oberau in das Loisach-Tal (J. KNAUER 1952, S. 17). Ein Hinweis auf diese frühere Verbindung sind die am Abhang des Ettaler Berges hervortretenden Maulenbach-Quellen, welche unter Glazialschutt auf einer Seeschlicklage entspringen und eine heute noch bestehende unterirdische Entwässerung des Ammertales zur Loisach darstellen. Färbungsversuche führten zum gleichen Resultat.[1]

Westlich von Ettal biegt die Ammer beinahe rechtwinklig nach N ab und durchfließt dann ein inzwischen vollständig verlandetes Seebecken. Diese Richtungsänderung kann nur so erklärt werden, daß das Ammertal nach dem Verschwinden des Gletschers von dem noch im Loisachtal liegenden Hauptgletscher abgedämmt wurde, so daß im Bereich von Oberammergau ein See entstand. Am Überlauf dieses Sees bei Altenau entsprang die spätglaziale Ammer.

An dieser Stelle beginnt heute jener über 28 km lange und bis zu 80 m tief in die Molasse eingesägte mittlere Talabschnitt der Ammer. Er eröffnet aufschlußreiche geologische Profile im Bereich der subalpinen Molasse. Unmittelbar südlich von Peiting biegt der Fluß zum zweiten Male rechtwinklig ab. Das sog. „Peitinger Ammerknie" stellt eines der zentralen Themen dieser Arbeit dar. Am östlichen Ortsrand von Peißenberg betritt die Ammer dann ein zweites inzwischen ebenfalls verlandetes Seebecken, das Oberhausener Becken.

Schließlich ändert die Ammer südlich von Weilheim zum dritten Mal die Richtung, durchbricht einen W-O-streichenden Molassehärtling, mündet schließlich bei Fischen in den Ammersee. Durch die mitgeführte Schuttlast wurde eine starke Verlandung hervorgerufen, so daß der heutige Ammersee nur noch einen Teil des ehemaligen Zungenbeckensees darstellt.

---

[1] Nach mündlicher Mitteilung von Prof. Dr. H. Fehn, München

# 3. Einzugsgebiet und Stromrichtung der drei benachbarten Gletscher

Die petrographische Zusammensetzung des Moränen- und Schottermaterials ist natürlich von dem jeweiligen Herkunftsgebiet des Gletschers abhängig. Deshalb ist es notwendig, die Einzugsgebiete der drei Gletscher, deren Ablagerungen im Rahmen dieser Arbeit untersucht werden sollen, kurz zu betrachten. Insbesondere interessiert die Frage, inwieweit zentralalpines Eis beim Aufbau der Gletscher beteiligt war.

## 3.1 Der Loisachgletscher

Die Eismassen des Isarvorlandgletschers entströmten im wesentlichen drei Alpentälern, dem Isartal, dem Walchensee-Kochelsee-Talzug und dem Loisachtal. Der aus dem Loisachtal kommende Gletscher war der kräftigste, stieß demzufolge auch am weitesten ins Alpenvorland vor und erfüllte zur Zeit des Höchststandes der Vergletscherung das Ammerseebecken. Die Bezeichnung „Ammerseegletscher" (A. ROTHPLETZ 1917) führt immer wieder zur Verwechslung mit dem benachbarten Ammergletscher, so daß es sinnvoll erscheint, den Namen „Loisachgletscher" fortan beizubehalten.

Dieser Loisachgletscher kam aus dem Becken von Garmisch-Partenkirchen, wo die große Konzentration zentralalpinen und lokalen Eises stattfand. Der eine Ferneiszustrom erfolgte über den Seefelder Sattel (1185 m) und die Scharnitzer Enge. Dort vereinigte er sich mit der Lokalvergletscherung aus dem obersten Isar- und Leutaschtal. Welch gewaltige Eismassen hier durchströmten, kann man erahnen, wenn man sich die Eisstromhöhe veranschaulicht, die an der Arnspitze 2100 m NN, über Mittenwald 1900 m und bei Krün noch 1700 m betrug. Nördlich von Mittenwald breitete sich das Eis fächerförmig aus; ein Großteil floß durch das Kaltenbrunner Quertal ins Garmisch-Partenkirchener Becken, wo es sich mit lokalem Wettersteineis vermengte. Erratische Funde am Wank lassen eine Eisstromhöhe von 1650–1700 m NN vermuten (R. v. KLEBELSBERG 1914, S. 239). Der zweite, wohl kleinere Ferneiszustrom kam über den Fernpaß 1209 m, das Lermooser Becken und das Loisachtal in die Werdenfelser Senke. Die Oberfläche des Loisachgletschers hatte am Talausgang bei Eschenlohe immer noch eine Höhe von ca. 1450 m NN (A. PENCK/ E. BRÜCKNER 1901/09, S. 180).

Im Bereich der Molassemulden wurde die Stromrichtung des Gletschers wesentlich beeinflußt. Beim Vorrücken des Eises kam es immer wieder zur Ausbildung von Teilzungen oder Lappen, die dem Streichen der aus grobklastischen Sedimenten – Konglomeraten und Sandsteinen – aufgebauten Muldenrändern folgten und dabei die dazwischen abgelagerten Tonmergelschichten ausräumten. So sind auch Staffelsee und Riegsee in Ihrer Anlage durch die Murnauer Mulde vorgezeichnet und erosiv ausgestaltet worden. Der Verlauf der Moränenwälle beweist den Einfluß der Molassehärtlinge auf die Strömungsrichtung. Von besonderem Interesse ist dabei die Böbinger Zunge im Bereich der Rottenbucher Mulde. Eine ähnliche Wirkung hatte auch der Hohe Peißenberg (998 m NN), der zur Aufspaltung in einen mehr nordwestlich zum Lech gerichteten Lappen und den nach N strömenden Hauptgletscher führte. Die Beeinflussung durch das präglaziale Relief war allerdings zum Zeitpunkt der maximalen Vergletscherung am schwächsten, da damals alle Molasserippen mit Ausnahme des Auerbergs vollständig vom Eis überfahren waren.

## 3.2 Der Lechgletscher

Der Allgäuvorlandgletscher empfing seine Eismassen hauptsächlich aus dem Iller- und Lechtal. Deshalb trägt auch der östliche Teil den Namen Lechgletscher. Er reichte während des Höchststandes der letzten Vereisung bis in die Gegend von Kaufbeuren – Schongau und blieb somit um ca. 30 km hinter dem benachbarten Loisachgletscher zurück.

Der Lechgletscher hatte sein Sammelbecken in der großen Weitung von Reutte, welches er bis zu 700 m hoch mit Eis bedeckte (A. PENK/E. BRÜCKNER 1901/09, R. v. KLEBERSBERG 1913). Hier trafen zwei Teilströme zusammen: Der Hauptstrom kam aus dem oberen Lechtal selbst und hatte sein Einzugsgebiet in den Allgäuer und Lechtaler Alpen. Nur auf der östlichen Seite kam zentralalpines Eis aus dem oberen Inntal über zwei enge Pässe ins Lechtal; und zwar über das Rotlech-Tegestal (Schweinsteinjoch 1575 m) und das Bschlabertal (Hahntennjoch 1884 m). Insgesamt war der Anteil des zentralalpinen Eises sehr gering. Der andere kleinere Zufluß stammte aus dem Planseegebiet (R. v. KLEBELSBERG 1913); wahrscheinlich gab es hier auch eine Verbindung zum Ferneis des Inngletschers über das Lermooser Becken und den Fernpaß.

Durch das Füssener Tor strömte das Eis ins Vorland. Die Eisstromhöhe betrug ca. 1400 m (L. SIMON 1926), so daß der Querriegel des Falkensteinzuges noch ca. 100 m unter der Eisoberfläche lag. Wie beim Loisachgletscher wurde auch hier die Strömungsrichtung stark von den Härtlingszügen der Molasseränder bestimmt. Es kam zur Ausbildung von Teilzungen, die sich zwischen die W-E-streichenden Molassehärtlinge schoben und somit auch zu einer Zerlappung des Vergletscherungsrandes führten. Ein solcher Lappen zeichnet sich zwischen Schneidberg (1012 m) im S und dem Illberger Wald (938 m) im N ab; ihm sind die deutlich nach E ausgebuchteten Moränenwälle östlich von Steingaden zu verdanken. Weiterhin stülpte sich eine kleinere Zunge in die Furche zwischen Schnaidberg (911 m) im N und den Illberger Wald im S bis in die Gegend von Rudersau.

Die stärkste Störung ging jedoch vom Auerberg (1055 m) und den im N vorgelagerten Molasseerhebungen des Zwölf Pfarrenwalds (904 m) und des Weichbergs (912 m) aus. An dieser Stelle gabelte sich der Eisstrom und führte zur Ausbildung eines Kaufbeurer Gletschers und eines Schongauer Gletschers. Der stark eingebuchtete Verlauf der maximalen Endmoränen nördlich des Auerbergs beweist eindeutig die Störungsfunktion des Molasseuntergrunds. Die Eishöhe betrug am Auerberg noch ca. 1000 m, das Gefälle zwischen Füssen und Hohenfurch 14–17 ‰ (L. SIMON 1926).

B. EBERL (1930) untergliedert den für die Arbeit wichtigen Schongauer Gletscher nochmals in eine Lechtalzunge und eine östliche Bannwaldseezunge. Ein Teil des östlichen Eisstromes drang auch in den Peitinger Raum vor und führte dort zur starken Eintiefung, so daß sich nach dem Rückzug der Gletscher ein See ausbilden konnte.

## 3.3 Der Ammergletscher

### 3.3.1 Die eiszeitliche Lokalvergletscherung im Bereich des oberen Ammertales

Bei der Suche nach dem glazialen Einzugsgebiet des dritten Gletschers, des Ammergletschers, ist zunächst das Ausmaß der Lokalvergletscherung im Bereich des Ammerlängstales zu ergründen. Die höchsten Gipfel des Ammergebirges (Hochplatte 2082 m, Klammspitze 1925 m), welches das Ammerlängstal nach N hin begrenzt, überragten die eiszeitliche Schneegrenze um einige hundert Meter. Dasselbe trifft auch für die im S gelegenen Kalkgipfel der Kuchelberg- und Friederberggruppe zu (Kreuzspitze 2185 m, Frieder 2049 m, Kuchelbergkopf 2024 m).

R. v. KLEBELSBERG (1913) beschreibt auf der Nordseite des Ammergebirgskammes eine ganze Reihe von Karen, die in ihrem Niveau bis auf etwa 1150 m hintergehen. Am bekanntesten ist die Kartreppe im Kenzengebiet südlich der Hochplatte mit Wankkessel (1140 m), Unterem Gumpenkar (1455 m) und Oberem Gumpenkar (1636 m). Insgesamt reichten die Ferner zur Zeit ihrer Hochstände aber höchstens bis 1100 m herab, so daß es nicht zu einer Verbindung mit dem Hauptgletschereis kam. Auf Grund der zahlreichen Stauseebildungen konnte R. v. KLEBELSBERG (1914) nachweisen, daß sowohl der Lech- als auch der Ammergletscher rückläufige Teilzungen in die Talung Halblech – Halbammer entsandten und dabei die Täler mit Moräne verbauten.

Im Bereich der Kuchelberg-Friederberggruppe war die Lokalvergletscherung auf der Nordseite stärker entwickelt. Die Karte weist eine ganze Reihe von gut ausgebildeten Karen auf; wie z. B. Kreuzkar, Kollerskar, Friederalpenkar am Friederberg. Die dort entstandenen Gletscher gelangten bis ins Haupttal der Ammer und beteiligten sich so am Aufbau des Ammergletschers. Trotzdem war die Speisung aus dem fluviatilen Einzugsgebiet der Ammer relativ bescheiden.

### 3.3.2 Teilströme des Ammergletschers

Bereits A. PENCK (1909, S. 196) ermittelte im Bereich Oberammergau eine maximale Eisstromhöhe von etwa 1000 m NN. Nach R. v. KLEBELSBERG (1914, S. 242) ist sie sogar mit 1100 m anzusetzen. Eine derartige Eismächtigkeit ist mit der bereits erwähnten Lokalvergletscherung allein nicht zu erklären. Es ergibt sich deshalb die Frage nach weiteren Zuflüssen aus dem Bereich anderer Gletscher.

Durch das Tal der Großen Laine östlich von Oberammergau erhielt der Ammergletscher einen kleinen Zufluß vom Loisachgletscher, dessen Eismächtigkeit am Talausgang bei 1400 m NN lag, so daß die Sattelregion des Aiple (1100 m) beträchtlich überflossen wurde. Dieser Arm speiste den nur 1100 m erreichenden Ammergletscher von oben.

Darüberhinaus unterscheidet R. v. KLEBELSBERG (1914) weitere drei Hauptströme. Der westliche kam aus dem Planseegebiet über den Ammerwaldsattel. Ob hier eine Verbindung zu dem Eisstrom des Hintertorentals bestand, ist ungeklärt. Angesichts des Fehlens an zentralalpinen Gesteinsfragmenten muß eher das Gegenteil angenommen werden.

Der mittlere drang aus der Gegend von Griessen durch Ellmau ins Ammertal vor, wo er sich mit dem Ammerwaldgletscher vereinigte. Die Sattelhöhe beträgt dort 1067 m NN, die Talbreite 1–1,5 km. Dies läßt erahnen, welche Menge des bis zu 1700 m gestauten Eises im Werdenfelser Becken hier nach N abfloß. R. v. KLEBELSBERG (1914, S. 238) errechnete, daß allein die Hälfte des Ammergletschereises durch das Ellmauer Tal kam.

Der östliche Teilstrom war ebenfalls ein Ableger des Loisachgletschers, dessen Eis den niedrigen Ettaler Sattel überschritt und sich südlich von Oberammergau mit den beiden anderen Teilströmen vereinigte.

Zusammenfassend ergibt sich, daß ein großer Teil des Ammergletschereises vom Loisachgletscher stammt. Der Anteil des zentralalpinen Gesteins am gesamten Geröllbestand ist demnach relativ hoch anzusetzen. Allerdings muß er auf Grund der zweifellos vorhandenen Zuflüsse vorwiegend aus dem kalkalpinen Bereich deutlich unter dem Wert des Loisachgletschers liegen.

# 4. Aufschlüsse und quantitative Untersuchungsmethoden

## 4.1 Aufschlüsse

Im Verlauf der Geländebegehungen wurden ca. 120 Aufschlüsse besucht, von denen die meisten zum Zeitpunkt der Geländearbeiten abgebaut wurden, bzw. noch in einem für spezielle Untersuchungen einwandfreien Zustand waren. Die Verteilung der Aufschlüsse ist allerdings recht ungleich; im Bereich der Schotterflächen ist die Aufschlußdichte relativ groß, im Bereich der Moränenwälle dagegen denkbar schlecht. Hier ist man oft auf kurzfristig geöffnete Baugruben angewiesen. Infolge des verhältnismäßig langen Beobachtungszeitraumes war es möglich, wenigstens an allen Schlüsselstellen, Einblick in den Untergrund zu erhalten. Größere Grabungsarbeiten waren nur bei den Rudersauer Seetonen notwendig, um Lage und Mächtigkeit der beiden Torfhorizonte einwandfrei festlegen zu können.

Die Lage der Aufschlüsse bezieht sich auf die Topographische Karte 1:25000 (s. Tab. 8 und 10 bzw. Aufschlußkarte und Angaben im Text). Aus Platzgründen werden nur die für die Arbeit entscheidenden Aufschlußstellen angegeben.

## 4.2 Quantitative Untersuchungsmethoden

### 4.2.1 Theoretische Grundlagen

In dem folgenden rein methodologischen Abschnitt sollen die quantitativen Methoden beschrieben und geprüft werden, die bei der Untersuchung der Aufschlüsse angewandt wurden, um einerseits glaziale und glaziofluviale Bewegungs- und Formungsprozesse zu rekonstruieren, andererseits verschiedene Gletschergebiete gegeneinander abzugrenzen. Mit Ausnahme der statistischen Auswertung handelt es sich dabei vorwiegend um Feldmethoden, die mit bescheidenem Materialaufwand durchgeführt werden mußten. Da gleichzeitig aber repräsentative Ergebnisse erzielt werden sollten, mußten Methode, Untersuchungsobjekt und Ziel eindeutig definiert werden. Im Fall der Geröllauszählungen war darüber hinaus der Aussagewert abzugrenzen.

### 4.2.2 Geröllauszählung

Die Schotteranalyse mittels Auszählung der Gerölle ist eine bekannte Untersuchungsmethode (F. ZEUNER 1933), bei welcher die Zusammensetzung von Ablagerungen festgestellt werden soll. Bei den Geröllauszählungen wurden zwei Ziele verfolgt: Einmal sollte gezeigt werden, inwieweit sich die Kiessedimente im Bereich der drei Gletscher in Bezug auf den Kristallingehalt unterscheiden. Zum zweiten galt es zu untersuchen, wie sich die Zusammensetzung der Schotter der von Lech und Ammer bzw. nur vom Lech aufgebauten Terrassen ändert.

Zu diesem Zweck wurden in 20 Aufschlüssen Geröllauszählungen vorgenommen. Dabei wurde wie folgt vorgegangen: Jeder Aufschlußwand wurden mit einem Eimer 20 bzw. 30 Stichproben entnommen. Die Entnahmestellen wurden dabei über den gesamten Aufschluß verteilt (Zufallsverteilung), wobei allerdings die Zugänglichkeit eine gewisse Rolle spielte. Nach Absiebung der Fraktion unter fünf mm erfolgte die Auszählung von jeweils 100 Steinen. Die Beschränkung auf eine grobe Körnung empfiehlt sich, um dadurch Fehler, die durch Absplitterungspartikel entstehen, einzuschränken und um die Vergleichbarkeit der Ergebnisse zu wahren. Die relativ große Anzahl von 2000 bzw. 3000 Steinen je Aufschluß erschien wegen des geringen Prozentsatzes an Kristallin notwendig, um Zufälligkeiten weitgehend auszuschließen. Während bei den ersten Testauszählungen durchwegs 30 Stichproben gewertet wurden, zeigte es sich rasch, daß sich die Zahl auf 20 reduzieren ließ, da die Mittelwerte nur in der Größenordnung von maximal 1/10 auseinanderlagen.

Bestimmt wurden die Gerölle nach zwei Gruppen: Kalkalpine (einschließlich Flysch und Molasse) und Kristalline (einschließlich Quarze). Zu beachten ist, daß die Geröllauszählungen aus den Verwitterungsdecken zu anderen Ergebnissen führen als die aus den unverwitterten Schottern. Die Auszählungen stammen sämtlich aus letztgenannter Gruppe. Wichtig ist noch, daß die in den Tabellen 8 und 10 angegebenen Prozentwerte sich nicht auf das Gewicht beziehen, sondern reine Anteilswerte sind. So gibt TH. DIEZ (1968) für den Kristallingehalt der Lechschotter einen Gewichtsanteil von 2 % an, während bei unseren Auszählungen nur Anteilswerte unter 1 % auftraten.

Die Ergebnisse zeigen, daß nur in wenigen Fällen die Unterschiede groß genug sind, um Aussagen treffen zu können, ja in den meisten Fällen ist die Differenz relativ gering, so daß sich Schlüsse nur nach eindeutig statistischer Absicherung ziehen lassen (vgl. Abschnitt 4.3).

### 4.2.3 Bestimmung des Karbonatanteils

Dort wo die Statistik keine Absicherung der Ergebnisse mehr zu liefern vermag, müssen andere Methoden angewandt werden. Dies war vor allem in Bezug auf die Unterscheidung der Gletschergebiete erforderlich. Zu diesem Zweck wurde der Karbonatanteil des Schotter- bzw. Moränenmaterials aus 11 Aufschlüssen bestimmt (Tab. 10). Es war zu erwarten, daß zwischen dem Kristallin- und dem Nichtkarbonatanteil ein enger Zusammenhang besteht. Die Untersuchung erfolgte deshalb aus zweierlei Gründen: Einmal sollte die Stichhaltigkeit der Auszählungsmethode auf anderem Wege überprüft werden. Zum zweiten sollten die Analysen zeigen, welcher Art der erwähnte Zusammenhang ist, d. h. ob beispielsweise dem doppelten Kristallingehalt einer Geröllmenge auch ein entsprechend erhöhter Nichtkarbonatanteil zugeordnet werden muß.

Es wurden äquivalente Mengen – ca. 5 kg – aus den Aufschlußwänden entnommen und luftgetrocknet. Nach Zertrümmerung der größten Gerölle wurde das Material insgesamt gequetscht, mit der Schlagkreuzmühle pulverisiert und anschließend der Karbonatgehalt mit der Apparatur nach HOCK, einer Modifikation der Methode SCHEIBLER (R. THUN, R. HERMANN, E. KNICKMANN 1955) auf gasvolumetrischem Wege bestimmt.

Bewußt wurde auf eine weitere Untergliederung in einzelne Fraktionen verzichtet. F. KOHL (1965) hat nämlich bei seiner Untersuchung des nichtkarbonatischen Anteils in südbayerischen Schottern bereits festgestellt, daß die Karbonatgehalte in den einzelnen Fraktionen keine eindeutigen Tendenzen zeigen. Deshalb sollen bei einer Schotteranalyse möglichst alle Korngrößen berücksichtigt werden, um ein zutreffendes Analysenergebnis zu erhalten. Die Ursache für die häufig zu beobachtende starke Anreicherung des Nichtkarbonatanteils im Feinmaterial sieht F. KOHL in der Fortführung der feinsten Karbonatteilchen in Form von im Bodenwasser gelöstem Bikarbonat.

Die in Tab. 8 und Tab. 10 ausgewiesenen Werte zeigen im übrigen die Richtigkeit der Auszählungsmethode, denn der Anteil des Kristallins und der Nichtkarbonatgehalt geben dieselbe Tendenz wieder.

### 4.2.4 Bestimmung des Kalzium-Magnesium-Verhältnisses

Bei der Abgrenzung zwischen Ammergletscher- und Lechgletschergebiet liefert allerdings die in 4.2.3 beschriebene Methode keine aussagekräftigen Unterscheidungsmerkmale. Deshalb wurde der Versuch unternommen, den Karbonatanteil nach Kalzit- und Dolomitgehalt zu untergliedern.

Die Bestimmung des Kalziums und Magnesiums (genauer der Ca- und Mg-Ionen) erfolgte nach der Komplexonmethode (R. THUN, R. HERMANN, E. KNICKMANN 1955). Das Prinzip dieser bodenchemischen Methode ist folgendes: Kalzium und Magnesium reagieren in alkalischer Lösung mit Komplexon II oder III (freie Äthylendiamintetraessigsäure bzw. deren Dinatriumsalz) unter Bildung nicht dissoziierter Verbindungen. Farbreaktionen der Ca- oder Mg-Ionen verschwinden daher, wenn den Ionen äquivalente Mengen Komplexonlösung zugesetzt werden. Als Farbindikator wird Eriochromschwarz T verwendet. Aus der gemessenen Menge Titrationsflüssigkeit ergibt sich dann der jeweilige Gewichtsanteil an Mg bzw. Ca.

Umrechnungsgesetz: 1,0 cm$^3$ Komplexonlösung entsprechen 2,432 mg Mg bzw. 4,008 mg Ca.
Es ist zu beachten, daß Tab. 10 das Ca-Mg-Verhältnis und nicht das Kalzit-Dolomit-Verhältnis wiedergibt. Angesichts der erkennbaren Unterschiede erübrigt sich eine entsprechende Umrechnung. Abschließend sei noch daraufhingewiesen, daß im Rahmen dieser Arbeit die Ursachen, die zu der beobachteten Differenzierung des Materials führen, nicht erörtert werden sollen.

### 4.2.5 Korngrößenverteilung

Ziel der Korngrößenanalysen sollte es sein, festzustellen, wie sich die Materialzusammensetzung einer Schmelzwasserterrasse mit fortschreitender Entfernung vom Eisrand ändert. Dieser Aufgabe liegt die Annahme zugrunde, daß ein Aufschluß in der Nähe eines ehemaligen Gletschertores bis in größere Tiefen ein anderes, i. a. gröberes Materialspektrum aufweist, als einer, der in größerer Entfernung vom Ausgangspunkt der Schüttung liegt; einfach wegen des unterschiedlichen Transportweges. Da die Proben jeweils aus derselben Tiefe entnommen wurden (ca. 7–8 m), kann vorausgesetzt werden, daß Schotter etwa desselben Sedimentationszeitraumes zum Vergleich kommen.

Zu diesem Zweck wurden je Aufschluß ca. 100 kg Schottermaterial entnommen (Gewichtsermittlung mit einer Federwaage) und anschließend im Gelände durchgesiebt (Maschenweite 40, 20, 10 und 5 mm). Eine repräsentative Menge des Restmaterials (< 5 mm) wurde im Labor mittels einer Siebmaschine weiterbehandelt und in die Korngrößen 2–5, 1–2, 0,5–1, 0,25–0,5, 0,15–0,25 und < 0,15 mm zerlegt. Der Siebfehler, der durch verklemmte Körner im Maschennetz entsteht, kann auf Grund der geringen Größe vernachlässigt werden. Da die Menge der zurückbleibenden Substanz < 0,15 mm in jedem Fall in der Größenordnung von 0,1 % lag, konnte auf die weiterführende Unterteilung mittels Pipettierungen verzichtet werden. Für die Fragestellung ergab sich daraus ohnehin keine Beeinflussung.

Die Ergebnisse sind in Abb. 2 dargestellt. Dabei ist zu beachten, daß die Entfernung der Aufschlüsse nur größenordnungsmäßig an der äußeren Ordinate wiedergegeben wird. Zur Darstellung der Säulendiagramme wurde der halblogarithmische Maßstab gewählt, weil eben die Fraktionsbreite mit abnehmender Korngröße stetig kleiner wird. Die Medianwerte wurden rechnerisch und graphisch ermittelt.

### 4.2.6 Rundungsgrade

Mit Hilfe der Rundungsgradbestimmung sollte vor allem Moränen- und Schottermaterial unterschieden werden. Weiterhin interessierte der Zusammenhang zwischen Zurundung und Entfernung vom Schüttungszentrum.

Als geeignetste Feldmethode erwies sich die visuelle Methode nach G. REICHELT (1961). Danach werden die Gerölle nach Testbildvergleichen je einer von 4 Rundungsklassen kantig (a), kantengerundet (b), gerundet (c), stark gerundet (d) zugeordnet. Zur Untersuchung kamen nur Kalkgerölle mit einem Durchmesser über 2 cm. Diese Einschränkung erwies sich als notwendig, einmal um die unterschiedliche Empfindlichkeit von Mineralien bzw. Mineralkombinationen gegen chemische und physikalische Einwirkungen auszuschalten, zum anderen um Fehler, die durch Absplitterungspartikel entstehen, möglichst zu eliminieren. Jeder in sich einheitliche Schichtkomplex wurde in zwei Bestimmungsdurchgängen zu je 100 Einzelbestimmungen an verschiedenen Punkten analysiert. Die Ergebnisse der Rundungsgradermittlung sind in den Abb. 2, 6 und 12 dargestellt.

### 4.2.7 Längsachseneinregelung

Um Schlüsse auf Transportrichtung und -medium ziehen zu können, ermittelt man die Einregelung der Gerölle in bestimmte Richtungskategorien. H. POSER und J. HÖVERMANN (1961) verwenden eine Einregelungstafel, mit der die Lagerichtungen verhältnismäßig schnell erfaßt werden können. Diese Tafel besteht aus einem Halbkreis, der eine 30°-Sektoren-Einteilung besitzt. Es hat sich gezeigt, daß die Zusammenfassung der Achsenrichtungen auf je 30° für die Analyse genügt. Die Sektoren werden von der Mittelsenkrechten ausgehend jeweils mit I, II und III bezeichnet. Zu diesen drei Gruppen beiderseits der Mittelsenkrechten kommt noch eine

Gruppe IV, die alle diejenigen Steine erfaßt, deren Längsachse mehr als 45° zur Meßtafelebene geneigt ist. Gleichzeitig werden die kantengestellten Steine auch in dem Horizontalsektor registriert, dem sie entsprechend ihrer Längsachse zuzuordnen sind. Die Summe der vier Sektoren ergibt also stets 100 % plus Anteil der steilgestellten Steine.

Vor der eigentlichen Auszählung wird die Meßbasis mit dem Kompaß eingemessen. Auf Grund von wahrscheinlichkeitstheoretischen Überlegungen müssen beiderseits der Mittelsenkrechten annähernd gleich viele Steine je Gruppe auftauchen. Tun sie es nicht, ist die Basis falsch gewählt und durch Verschieben des Halbkreises bei der Auswertung zu verbessern (Abb. 6).

Die Gerölle, die den Aufschlußwänden entnommen wurden, mußten eine deutlich erkennbare Längserstreckung mit einer Längsachse über 2 cm besitzen. Dabei wurden alle Gerölle ohne Rücksicht auf Form, Rundungsgrad und Mineralzusammensetzung, außer stark verwittertem Material ausgezählt. Jeder Schichtkomplex wurde in zwei Meßdurchgängen à 100 Messungen analysiert.

Die Längsachsenrichtungen der zu untersuchenden Schichten wichtiger Aufschlüsse sind in den Abb. 6 und 7 aufgeführt. In Anlehnung an die POSER-HÖVERMANNsche Einregelungstafel wurde als zweckmäßigste Form der Darstellung die des Halbkreisdiagrammes gewählt. Die Gruppe IV wurde gesondert angetragen.

In der Literatur findet man folgende Werte über Einregelungstendenzen: Bei fluviatilen Geröllen hat man gewöhnlich ein Maximum von 40–60 % in Gruppe III, ein Minimum in Gruppe IV. Moränenmaterial weist gewöhnlich ein schwaches Maximum in Gruppe I (30 %) auf, Stauchmoränen darüberhinaus hohe Werte in Gruppe IV (bis 50 %) (E. KÖSTER/H. LESER 1967). Die Verkantung wird dabei auf wälzende Bewegung zurückgeführt. Daraus folgt, daß bei fluviatilen Geröllen die Transportrichtung mit der Basisrichtung übereinstimmt, bei Moräne dagegen mit der Richtung der Mittelsenkrechten.

## 4.3 Statistische Auswertung der Geröllauszählungen

### 4.3.1 Hypothesenprüfung

Wie in Abschnitt 4.2.2 bereits angegeben ist es notwendig, die Geröllauszählungsergebnisse statistisch abzusichern. Die Grundfrage ist dabei so zu stellen: Mit wlecher Wahrscheinlichkeit stammen zwei Mittelwerte $M_i$ und $M_j$ aus ein und derselben Gesamtpopulation, in unserem Fall aus ein und demselben Einzugsgebiet? Zur Beantwortung dieser Frage wendet man das Verfahren einer Hypothesenprüfung an.

Dabei geht man zunächst von einer Nullhypothese aus: $M_i - M_j = 0$. Sie spricht also die Annahme aus, daß der Mittelwert der einen Population dem entsprechenden Wert der anderen gleicht. Die Alternativhypothese nimmt demgegenüber an, daß sich die beiden Mittelwerte hinreichend unterscheiden, in Zeichen: $M_i - M_j \gtreqless 0$. Die Hypothesenprüfung verläuft nun so, daß man die Wahrscheinlichkeit berechnet, mit welcher die beiden Mittelwerte aus demselben Schotterpaket stammen. Ist diese Wahrscheinlichkeit gering, so kann man die Nullhypothese zugunsten der Alternativhypothese zurückweisen. In diesem Fall spricht man von einer bestimmten Signifikanz der Differenz $M_i - M_j$.

### 4.3.2 Häufigkeitsverteilung

Voraussetzung für die Anwendung obigen Verfahrens ist jedoch eine weitgehende Übereinstimmung der tatsächlich gefundenen Häufigkeitsverteilung der Stichprobenwerte mit Normalverteilung. Ein anzustellender Vergleich kann auf zweierlei Art erfolgen: Einmal auf graphischem Wege, indem die Kurven einander gegenübergestellt werden (vgl. das Beispiel in Abb. 1 und Tab. 1) unter spezieller Berücksichtigung der Schiefe und Medianwerte, zum anderen durch die Berechnung der jeweiligen Standardabweichungen $s_i$. Diese stellen ein Maß für die mittlere Differenz der Einzelwerte gegenüber dem wahrscheinlichen Mittelwert dar:

$$s_i = \pm \sqrt{\frac{\Sigma a^2}{N}}$$

a = die Differenz vom Mittelwert $M_i$ der Stichprobenreihe
N = die Anzahl der Stichproben je Aufschluß

# Abb. 1 : Häufigkeitsverteilung der Stichprobenwerte ( Aufschluß Schnalz )

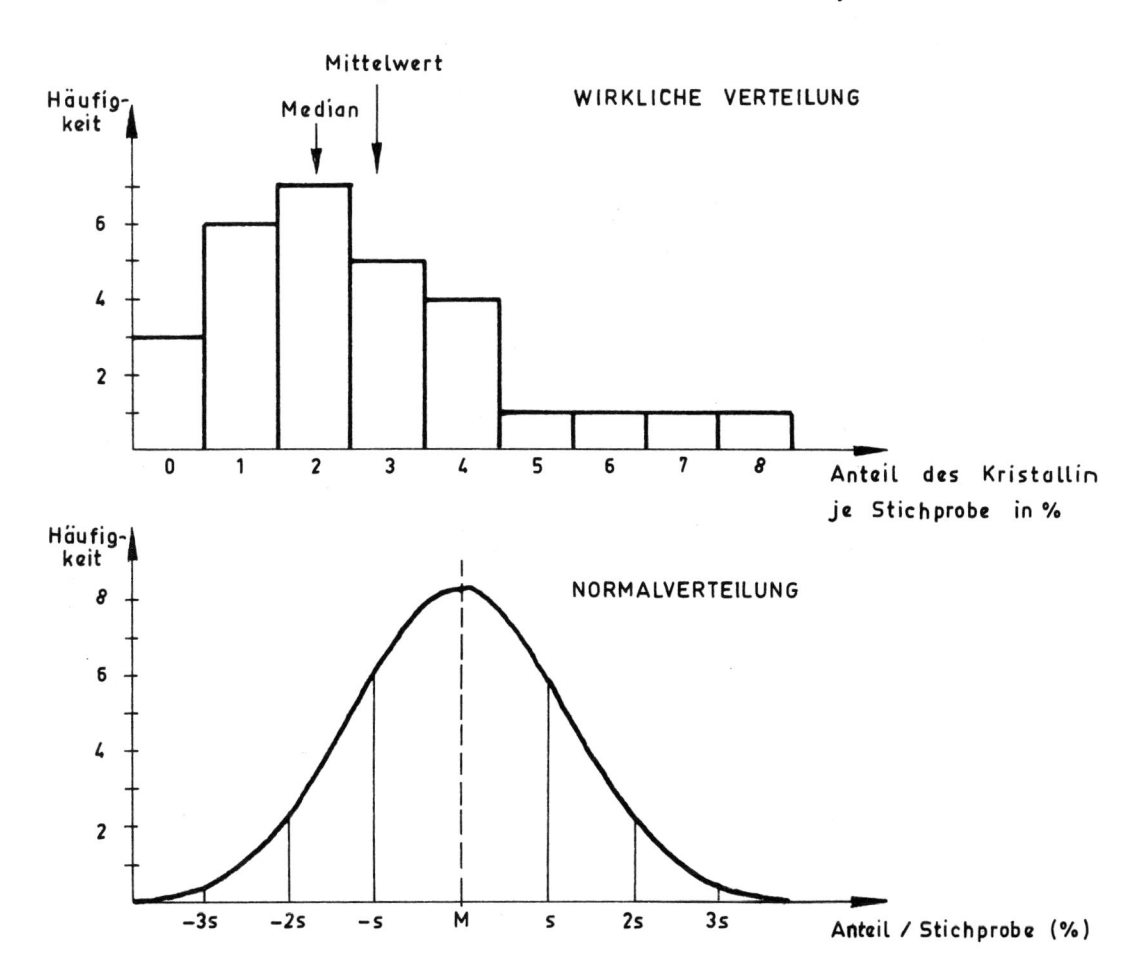

Anschließend rechnet man nun nach, wieviel Prozent der Werte sich in den Intervallen $M_i \pm s_i$ bzw. $M_i \pm 2\,s_i$ gruppieren. Bei Normalverteilung sind es 68,27 % bzw. 95,45 %. Entscheidend ist schließlich, ob auch bei der jeweils vorliegenden Verteilung annähernd hohe Prozentwerte erreicht werden. Dies gilt insbesondere bei kompakter Gruppierung um den Mittelwert. Das Ergebnis der Berechnungen ist in Tab. 2 dargestellt.

Über die Zulässigkeit des t-Testes lesen wir in der Literatur: „Der t-Test ist auch dann noch zuverlässig, wenn die Population verhältnismäßig stark von der Normalverteilung abweicht" (D. MARSAL 1967, S. 64).

### 4.3.3 t-Wert Berechnung

Ist die Stichprobenanzahl N < 30, so wird zum statistischen Nachweis der t-Test angewandt. Würde die Nullhypothese zutreffen, so würde sich die Differenz $M_i - M_j$ – in t-Werte überführt – um den Wert 0 mit der Standardabweichung 1 verteilen. Die Berechnung selbst erfolgt nach folgenden Formeln:

Bei gleicher Stichprobenmächtigkeit: $\quad t_{ij} = d \sqrt{\dfrac{N-1}{s_i^2 + s_j^2}}$

Bei ungleicher Stichprobenmächtigkeit: $\quad t_{ij} = d \sqrt{\dfrac{N_i + N_j - 2}{N_i + N_j} \cdot \left( \dfrac{s_i^2}{N_j} + \dfrac{s_j^2}{N_i} \right)^{-1}}$

Dabei bedeuten $t_{ij}$ den zu den Mittelwerten $M_i$ und $M_j$ gehörigen t-Wert, d die Differenz der Mittelwerte, N bzw. $N_i$ und $N_j$ die Stichprobenanzahl. Auf diese Weise kann man zu jedem Paar ($M_i$, $M_j$) seinen entsprechenden $t_{ij}$-Wert ermitteln. Sämtliche Werte trägt man nun in Form einer t-Wert-Matrix an, wobei die Werte unterhalb der Diagonalen aus Symmetriegründen wegfallen können (vgl. Tab. 3). Diese Matrix ist so zu lesen, daß in der i-ten Zeile und in der j-ten Spalte derjenige t-Wert auftaucht, der zu den Mittelwerten $M_i$ und $M_j$ gehört.

Beispiel aus Tab. 3: Zu ermitteln sei $t_{2\,3}$, d. i. der zu den Mittelwerten $M_2$ und $M_3$ gehörige t-Wert. Unsere t-Matrix weist hierzu in der Kreuzung der 2. Zeile mit der 3. Spalte den Wert 4,12 aus.

### 4.3.4 Signifikanzmatrix

Unter Berücksichtigung des entsprechenden Freiheitsgrades ordnet man nun den gefundenen Wert $t_{ij}$ in die t-Verteilung ein (Tab. 4). In dieser Tabelle sind verschiedene Verläßlichkeitsniveaus zusammengefaßt, die ein Maß dafür angeben, wieviel Prozent der Stichprobenverteilung jeweils außerhalb der darunter vorkommenden Werte höchstens aufzufinden sind.

Beispiel (siehe oben): Für 40 Freiheitsgrade entnehmen wir aus Tab. 4 den Wert 2,66 bezüglich des 1% Niveaus und 2,97 bezüglich des 0,5% Niveaus. Das bedeutet nun, daß höchstens 1% der Stichprobenverteilung außerhalb des Intervalls (−2,66, +2,66) und 0,5% außerhalb (−2,97, +2,97) liegen. Unser Wert 4,12 gehört aber nicht den Intervallen an. Man sagt: Die Abweichung ist signifikant auf dem 0,5% Niveau.

Signifikanz auf dem 2%, 1% oder 0,5% Niveau bedeutet: Die Zurückweisung der Nullhypothese hat höchstens eine Irrtumswahrscheinlichkeit von 2%, 1% oder 0,5%. Man kann deshalb praktisch sicher sein, daß die Alternativhypothese zutrifft, wonach die beiden Mittelwerte aus verschiedenen Gesamtpopulationen stammen.

Welchen Grad der Abgesichertheit man verlangt, hängt weitgehend von der Fragestellung ab. In unserem Fall wurde generell 99%ige Sicherheit gefordert. Das Ergebnis zeigt Tab. 5. Diese Signifikanzmatrix ist so zu lesen, daß in der i-ten Zeile und j-ten Spalte sofort der Grad der Signifikanz des Unterschieds zwischen i-tem und j-tem Mittelwert erscheint. Bei den mit x bezeichneten Feldern ist die Irrtumswahrscheinlichkeit größer als 20 %. Sie können damit für unsere Fragestellung nicht berücksichtigt werden.

# 5. Die zeitliche Einordnung der Ammerumlenkung bei Peiting

## 5.1 Spezielle Problemstellung

Das Ammerknie bei Peiting ist nach der bisherigen Auffassung das Ergebnis einer postglazialen Flußanzapfung (J. KNAUER 1952) vom tiefer gelegenen Oberhausener Becken her. In Anbetracht des außerordentlichen Gefälles (16,2‰!) von der spätglazialen Schotterflur bei Ramsau zum tiefergelegenen Becken hin gibt es bezüglich des Ableitungsprozesses keinen Zweifel. Dagegen fehlt bisher ein eindeutiger Beweis für die Einordnung des Ereignisses ins Postglazial. Ebensowenig bewiesen wurde von J. KNAUER die Behauptung, daß die am Überlauf des Ammergauer Sees entspringende postglaziale Ammer über Rottenbuch, Peiting zum Lech floß (1952, S. 17).

Im folgenden wird nun versucht, den Zeitpunkt der Umlenkung einzugrenzen. Da Lech- und Ammerhydrographie dadurch getrennt wurden, ist die Möglichkeit einer veränderten petrographischen Zusammensetzung der Terrassenschotter gegeben. Vorhandene Unterschiede sollen mit Hilfe von morphometrischen Methoden herausgearbeitet werden. Die Stichhaltigkeit der Methoden ist zu überprüfen.

Ein zweiter Weg führt über die Rekonstruktion von spätglazialen Terrassenniveaus. Ein solcher Versuch wurde beim Ammerlauf bisher nicht unternommen. Gelingt darüberhinaus auch noch die Verknüpfung der Schotterflur mit dem dazugehörigen Endmoränenwall, so kann nach dessen Lage eine Einordnung in die Rückzugsentwicklung eines Gletschers vorgenommen werden. Im Bereich des Alpenvorlandes beginnt das Spätglazial mit dem Rückschmelzen der Gletscher von den drei maximalen Randlagen (vgl. E. EBERS 1955). Die Wende zum Postglazial (nach der jüngeren Tundrenzeit) ist jedenfalls erst dann anzusetzen, als die Gletscher bereits hinter den morphologischen Alpenrand zurückgeschmolzen waren. Ein Einordnungsversuch kann sich natürlich nur auf diese Zeitmarken beziehen.

## 5.2 Zeitliche Einordnung nach statistisch-morphometrischen Ergebnissen

### 5.2.1 Die Schotter der Peiting-Schongauer Stufe

Die auf einer Laufstrecke von ca. 25 km durchgeführten Schotteranalysen sollten zunächst Auskunft über den Zusammenhang zwischen zurückgelegtem Weg und der Korngröße bzw. Zurundung geben. Letztere sind ja Funktionen der Wegstrecke und des Abrollungsmediums. Als Bezugsbasis wurde die Eisrandlage gewählt. Die analysierten Schotter der Aufschlüsse haben eine Entfernung von 1, 5, 8 und 25 km von der Basis. Das Ergebnis ist in Abb. 2 dargestellt (vgl. Tab. 6, 7).

Die Auswertung der Zurundungsmessungen in Gestalt der rechten Säulendiagramme ergibt folgende Merkmale: Bereits nach einer Laufstrecke von 1 km (Aufschluß Böbing) hat der Anteil des kantigen Materials auf 13 % abgenommen. Für Moränenablagerungen sind in der Literatur Werte um 30 % bezüglich der Gruppe (a) angegeben (E. KÖSTER/H. LESER 1967). Relativ hoch ist auch der Anteil der stark gerundeten Schotter mit 20 %. Dies beweist schon die intensive Beanspruchung vor der Sedimentation.

Nach ca. 8–10 km Entfernung vom Schüttungszentrum sind praktisch kaum noch kantige Bestandteile anzutreffen. Dafür hat der Anteil der kantengerundeten und gerundeten Schotter stark zugenommen. Auf der Strecke zwischen Aufschluß 2 und 3 verlagert sich das Maximum in die Gruppe „gerundet". Leider gibt es bisher kaum Vergleichswerte über glaziofluviale Ablagerungen. Nach KÖSTER/LESER nehmen sie vermutlich eine Mittelstellung zwischen Moränen und „Flußschottern" ein (1967, S. 78).

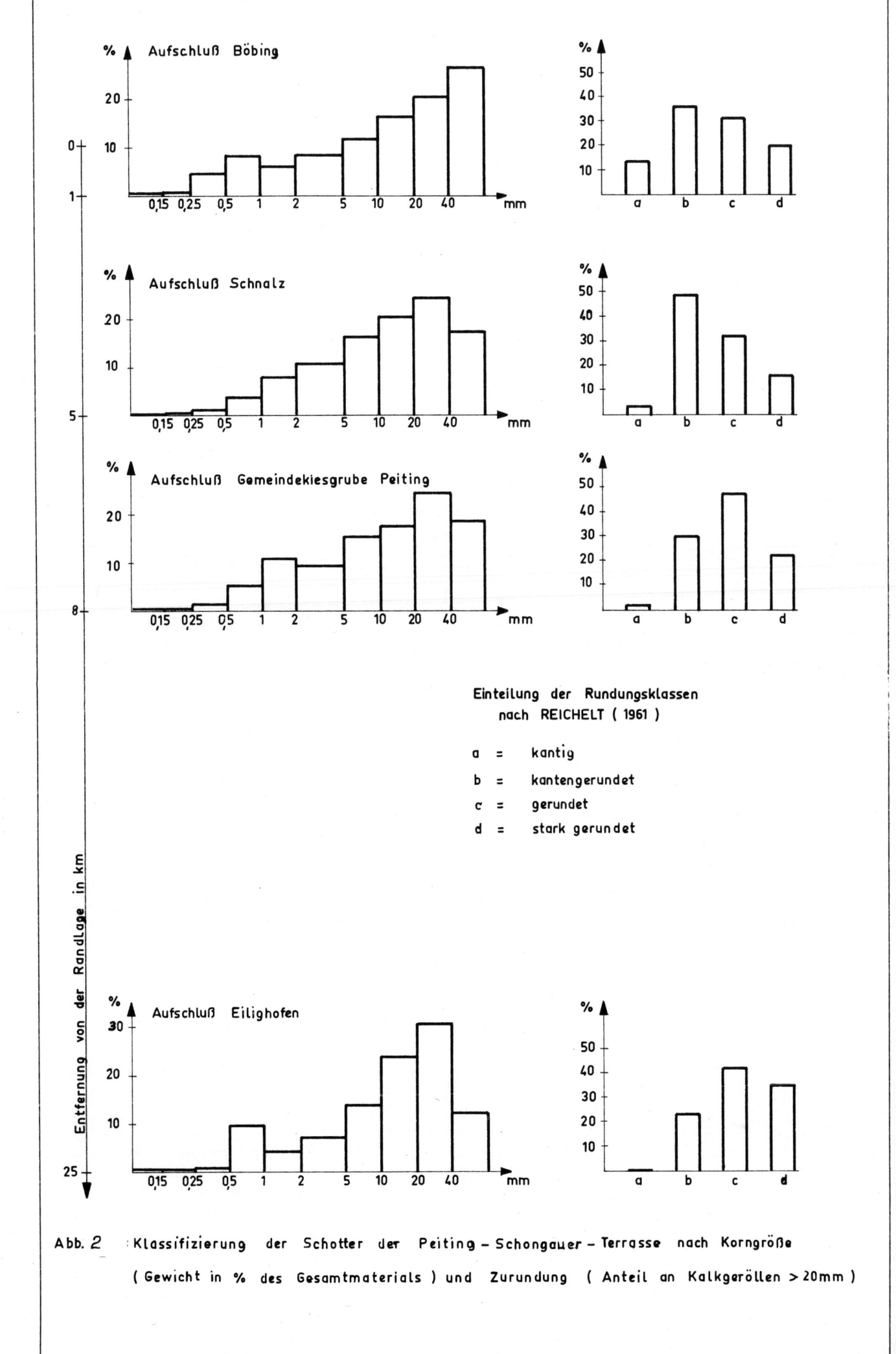

Abb. 2: Klassifizierung der Schotter der Peiting-Schongauer-Terrasse nach Korngröße (Gewicht in % des Gesamtmaterials) und Zurundung (Anteil an Kalkgeröllen >20mm)

Einteilung der Rundungsklassen nach REICHELT (1961)

a = kantig
b = kantengerundet
c = gerundet
d = stark gerundet

Die große Distanz zwischen Aufschluß 3 und 4 ist durch die Erosion der Terrasse in dem betreffenden Abschnitt bedingt. Nach ca. 25 km begegnet uns im wesentlichen die Situation fluviatiler Ablagerung mit 77 % gerundetem und stark gerundetem Material. Ein Teil der kantengerundeten Schotter ist auch noch auf Zerbrechen oder seitliche Zufuhr mit kurzem Transportweg zurückzuführen.

Die Klassifizierung der Schotter nach der Korngröße zeigt ebenfalls einige interessante Ergebnisse: Die Verteilung in Aufschluß 1 weist eine beinahe kontinuierliche Abnahme des Prozentanteils mit kleiner werdender Korngröße aus. Das Maximum liegt dabei in der Gruppe über 4 cm Durchmesser. Durch die Reibungs- und Stoßvorgänge während des Transports erleidet das Material intensive Beanspruchung, die zu einer Zurundung der Schotter und damit verbunden zu einer Verkleinerung des Korns führt. Allerdings ist der Beanspruchungsgrad nicht in allen Fraktionen gleich, wie die weiteren Säulendiagramme zeigen. Am stärksten betroffen ist der Grobkies über 4 cm, dessen Anteil nach 25 km auf weniger als die Hälfte gesunken ist. Dafür haben die Fraktionen 2–4 cm und 1–2 cm stark zugenommen. Auffällig ist jedoch, daß der graphisch ermittelte Medianwert $\bar{x}$ praktisch konstant bleibt. Es ist zwar während der ersten 8 km eine leichte Abnahme von 17 auf 15 und 14 mm feststellbar. In Aufschluß 4 steigt er dagegen wieder auf 16 mm an. Daraus folgt eindeutig, daß sich in den 3 gröbsten Fraktionen eine Umschichtung vollzogen hat.

Der Umschichtungsprozeß in der darunterliegenden Korngrößengruppe zeigt ebenfalls, daß die einzelnen Fraktionen in verschiedenen Transportabschnitten unterschiedlich betroffen sind. Der Anteil der Korngrößen 5–10 mm und 2–5 mm nimmt zwischen km 1 und 5 relativ stark zu und sinkt dann wieder ab. Dasselbe Verhalten zeigt die Klasse 1–2 mm, allerdings erst im Abschnitt 5–8 km und schließlich läßt sich ähnliches über die Sandfraktion 0,5–1 mm aussagen, örtlich versetzt im nächsten Laufabschnitt. Es sieht so aus, als ob dieser „Wellenberg" mit wachsender Lauflänge auch die Fraktionen des Feinmaterials durchzieht. Ansonsten läßt sich bezüglich des Feinsandes nur eine geringfügige Abnahme auf dem ersten Transportabschnitt feststellen.

Zusammenfassend können die Sedimente der Peiting-Schongauer Schmelzwasserterrasse folgendermaßen charakterisiert werden: Bereits ein Transportweg von 5–8 km genügt, um die Gerölle sichtbar zuzurunden. Die gewichtsmäßig stärksten Abnutzungserscheinungen ergeben sich beim Grobkies über 4 cm. Die Medianwerte bleiben auf einer Beobachtungsstrecke von ca. 25 km annähernd konstant.

### 5.2.2 Der Kristallinanteil im Bereich der Peiting-Schongauer Stufe

Am Aufbau dieser Schotterterrasse waren Lech und Ammer beteiligt. Die Terrasse läßt sich an der Ammer bis etwa Echelsbach, am Lech bis Hirschau verfolgen. Auf Grund der Tatsache, daß zwei aus verschiedenen Gletschergebieten kommende Schmelzwasserströme Materiallieferanten waren, erscheint eine Untersuchung der petrographischen Zusammensetzung sowohl vor als auch nach dem Zusammenfluß sinnvoll.

Eine erste Beobachtung in den Aufschlüssen zeigt folgendes: Es finden sich alle Gesteine vertreten, welche die Schichten der Nördlichen Kalkalpen und der Voralpen aufbauen, von der Molasse angefangen, Flyschmaterial Mergel, Sandsteine und Kalke der oberen und unteren Kreide, die vielverbreiteten Gesteine der Juraschichten, triassische Bestandteile, daneben auch zentralalpines Material in Form von teilweise verwitterten Gneisen und Glimmerschiefern sowie von Amphiboliten und Quarzen. Aber bereits diese ersten Beobachtungen lassen Unterschiede in der Zusammensetzung deutlich werden. Im Bereich reiner Lechschotter wird man nur gelegentlich auf das eine oder andere Stück zentralalpinen Materials aufmerksam, ja man muß förmlich danach suchen. Im Ammergebiet dagegen wird der Blick bereits unwillkürlich auf Gneise oder Amphibolite gelenkt. Dies kann natürlich nur unsere Vermutung erhärten, bedarf aber eines stichhaltigen Beweises.

Die durchgeführten Schotteranalysen erbrachten nun in Verbindung mit der notwendigen statistischen Auswertung folgende Ergebnisse (vgl. Tabellen 1, 2, 3, 5).

1. Schotter aus dem Gebiet des Loisachgletschers und solche des Lechgletschers weisen signifikante Unterschiede hinsichtlich ihres Anteils an Kristallin auf. Die Mittelwerte $M_5$ und $M_7$, 3,4 bzw. 0,6 führen zu einem t-Wert $t_{57} = 8{,}75$, aus dem sich die eindeutige Signifikanz ableiten läßt. Der gefundene Mittelwert $M_7 = 0{,}6$ stimmt auch recht gut mit dem Wert überein, den Th. DIEZ (1968) bei seinen Untersuchungen

fand. Nach seinen Ergebnissen beträgt der Anteil an zentralalpinen Geröllen in Lechschottern 1–2 Gewichtsprozente.

2. Nach dem Zusammenfluß der Schmelzwässer vom Loisach- und Ammergletscher nimmt der Anteil des Kristallins ab. Im Aufschluß Schnalz, ca. 4 km von der Vereinigungsstelle entfernt, beträgt der entsprechende Mittelwert $M_6$ nur noch 2,73 %. Dies läßt den Schluß zu, daß die zentralalpine Komponente im Ammergletschermaterial geringer ist als im Geröll des Loisachgletschers.

3. Ein weiteres Absinken des Mittelwertes ist nach dem Zusammenfluß mit den Lechschmelzwässern zu beobachten. Die Aufschlüsse 8–11 verteilen sich auf den Abschnitt Römerkessel–Kaufering. Die dort gefundenen Mittelwerte $M_8$–$M_{11}$ zeigen gute Übereinstimmung. Verantwortlich für den neuerlichen Rückgang kann nur die Vermischung mit kristallinarmen Lechschottern sein. Sie ist bereits nach wenigen Kilometern Laufstrecke so vollständig, daß sich trotz der entfernten Lage der Aufschlüsse kein nennenswerter Unterschied in der Zusammensetzung ergab.

### 5.2.3 Der Kristallinanteil in den jüngeren Lechterrassen

Im Bereich des Peitinger Trockentales findet man keine tieferen Terrassenniveaus mehr, so daß jedenfalls auf diesem Wege die Kristallinzufuhr nach der Stufe 5 unterbrochen war. Theoretisch wäre nur noch eine derartige Zufuhr aus dem nördlichen Loisachgletscherbereich denkbar.

Die Schotterauszählungen in den jüngeren Lechterrassen (6–9) ergaben jedoch ein sprunghaftes Absinken des Mittelwertes. Die Werte $M_{12}$–$M_{14}$ liegen deutlich unter 1 % und entsprechen somit reinen Lechschottern. Ein statistischer Vergleich von $M_4$ und $M_7$ mit $M_{12}$, $M_{13}$ und $M_{14}$ ergibt, daß die Abweichung der Mittelwerte nicht einmal auf dem 20 %-Niveau signifikant ist. Die Nullhypothese muß daher aufrechterhalten werden; die Mittelwerte gehören zu ein und derselben Population. Dies bedeutet insbesondere, daß der Anteil an zentralalpinen Bestandteilen bei den Lechschottern in der Nähe des ehemaligen maximalen Eisrandes genauso groß ist wie in den zu einem späteren Zeitpunkt geschütteten Terrassenstufen 6–9, deren Reste in der Nähe von Landsberg erhalten geblieben sind.

In diesem Zusammenhang muß noch auf ein Nebenergebnis hingewiesen werden: Die übereinstimmenden Werte aus den Aufschlüssen 8–11 beweisen zunächst die Richtigkeit der Aussage von TH. DIEZ (1968), wonach in diesem Talabschnitt die Peiting-Schongauer Stufe wieder in breiter Entwicklung auftritt. Die Höhenlage der Terrasse und die Gesteinszusammensetzung des Schotterkörpers rechtfertigen diesen Schluß.

Weiterhin läßt sich auf Grund des geänderten Gesteinsspektrums über die Entstehung der Stufe 6 folgendes aussagen: Im Anschluß an die starke Erosionstätigkeit des Wassers muß eine Periode der Aufschüttung erfolgt sein und zwar in einer Mächtigkeit von mehreren Metern (Aufschluß Ellighofen). Nur so läßt sich die unterschiedliche Gesteinszusammensetzung der Stufen 5 und 6 erklären.

### 5.2.4 Der Kristallinanteil in der Hauptniederterrasse des Lechgletschers

Der Vollständigkeit wegen sei noch auf die Situation innerhalb der Hauptniederterrassenschotter hingewiesen. Die Stufe 1 ist westlich des Lechs in breiter Entwicklung erhalten geblieben. 2 km nördlich der maximalen Endmoränen liegt unmittelbar an der B 17 der Aufschluß Lustberghof, dessen Sohle bis etwa 12 m u. O. hinabreicht. Schotteranalysen aus dem Sohlenbereich und dem 1 m-Niveau ergaben nun die auffällige Tatsache, daß der Kristallinanteil einen Sprung von 0,8 auf 3,54 % aufweist. Vermutlich erfolgt die Zunahme allmählich, aus Zeitgründen unterblieben speziellere Untersuchungen.

Jedenfalls läßt sich demnach feststellen, daß der untere Teil der Hauptniederterrasse von den Schmelzwässern des Lechgletschers geschüttet wurde, während die Deckschotter aus dem Loisachgletscherbereich stammen. Die Mittelwerte können nur so eingeordnet werden. Das Schüttungszentrum des Loisachgletschers liegt östlich des Lechs bei Birkland. Von dort zieht das heute trockengefallene Schotterfeld in nordwestlicher Richtung zum Lech. Für die zeitliche Reihenfolge des Abschmelzens der Eisloben bedeutet dieser Aufschlußbefund, daß der kleinere Lechgletscher zunächst auf die Klimabesserung reagierte und zurückschmolz, während aus dem Nachbargletscherbereich die Materialzufuhr anhielt. Erst zu einem späteren Zeitpunkt begann auch beim Loisachgletscher die 1. Rückzugsphase. Damit steht dieses Ergebnis im Widerspruch zur Auffassung H. GRAULs (1957)[1], wonach für die Gletscher des nördlichen Alpenvorlandes eine allgemeine Verspätung des Eisrückzuges von E nach W festzustellen ist. Dies würde nämlich bedeuten, daß der Abschmelzprozeß zuerst beim Loisachgletscher einsetzte.

Zusammenfassung: Sämtliche Lechterrassen von Stufe 6 an sind nur noch vom Lech allein geschaffen worden. Die Urammer ist lediglich bis zur Stufe 5, der Peiting-Schongauer Terrasse, beim Aufbau beteiligt. Zur Zeit der Entstehung der Stufe 6 muß die Ammer daher bereits abgelenkt worden sein. Die Sedimente der Hauptniederterrasse stammen im höheren Teil auch vom Loisachgletscher.

## 5.3 Zeitliche Einordnung auf Grund einer Terrassenkartierung

### 5.3.1 Die Altenauer Terrasse

Ausgangsniveau der Kartierung war die Peiting-Schongauer Terrasse, die sich mit geringen Unterbrechungen bis etwa Echelsbach verfolgen läßt. Zwischen Peiting und Rottenbuch beträgt ihr Gefälle 5,3 ‰, alpeneinwärts nimmt es auf 8,3 ‰ zu. Unmittelbar nördlich von Rottenbuch mündet das Böbinger Schotterfeld. Auf diesem Weg kam die Hauptmasse der Schmelzwässer des Loisachgletschers in den Peitinger Raum.

Auf Grund der Höhenlage des Peitinger Schotterfeldes (720–730 m NN) muß angenommen werden, daß die Ammer schon in der Zeit, als sie noch zum Lech floß, – ganz im Gegensatz zu der Auffassung J. KNAUERs (1952, S. 17) – in die Molasse eingeschnitten war. Es wird dies noch erhärtet, wenn man bedenkt, daß im Aufschluß „Schnalz", der direkt über dem Ammerknie liegt, 16 m, nördlich von Rottenbuch immer noch 12 m Ammerschotter aufgeschlossen sind. Die Erosionsleistung war insbesondere im Bereich der Muldenränder sehr stark. An diesen Stellen verschwindet auch die Peiting-Schongauer Terrasse völlig (z. B. Enge Schnalz–Schnaidberg) bzw. verjüngt sich beträchtlich (z. B. bei Schönberg).

Die Suche nach jüngeren und im Niveau unter der Stufe 5 liegenden Terrassen erbrachte folgendes Ergebnis: Auf der 28 km langen Strecke Altenau–Peißenberg ergaben die Geländebegehungen 10 solcher Terrassenreste, deren Höhenlage mit einem Präzionshöhenmesser der Fa. Thommen bestimmt wurde. Die Werte können Tabelle 9 entnommen werden. Ein erster Vergleich zeigt, daß in dem Talabschnitt östlich des Ammerknies weitere Terrassen fehlen. Hier dürfte die äußerst starke Tiefenerosion ihre Ausbildung verhindert haben.

Einen Einblick in die Terrassenlandschaft der Ammer gewähren die Profile durch das Ammertal in Abb. 3. Bei Rottenbuch sind abgesehen von der postglazialen Terrasse zwei verschiedene Niveaus ausgebildet (Bild 3). Die Mächtigkeit der Schotter der Peiting-Schongauer Stufe kann nicht genau angegeben werden, da selbst im tiefsten Aufschluß nur 16 m erreicht werden. Es muß deshalb die Frage nach dem Verlauf der Grenze zum Tertiär offen bleiben. Jedenfalls trägt die tiefere Altenauer Terrasse einen dünnen Schottermantel.

---

[1] Weitere Gründe, die gegen die Auffassung H. GRAULs (1957) sprechen, sind im Abschnitt 11.2.2 zusammengefaßt.

## Abb. 3 : Profile durch das Ammertal bei Kreut und Rottenbuch

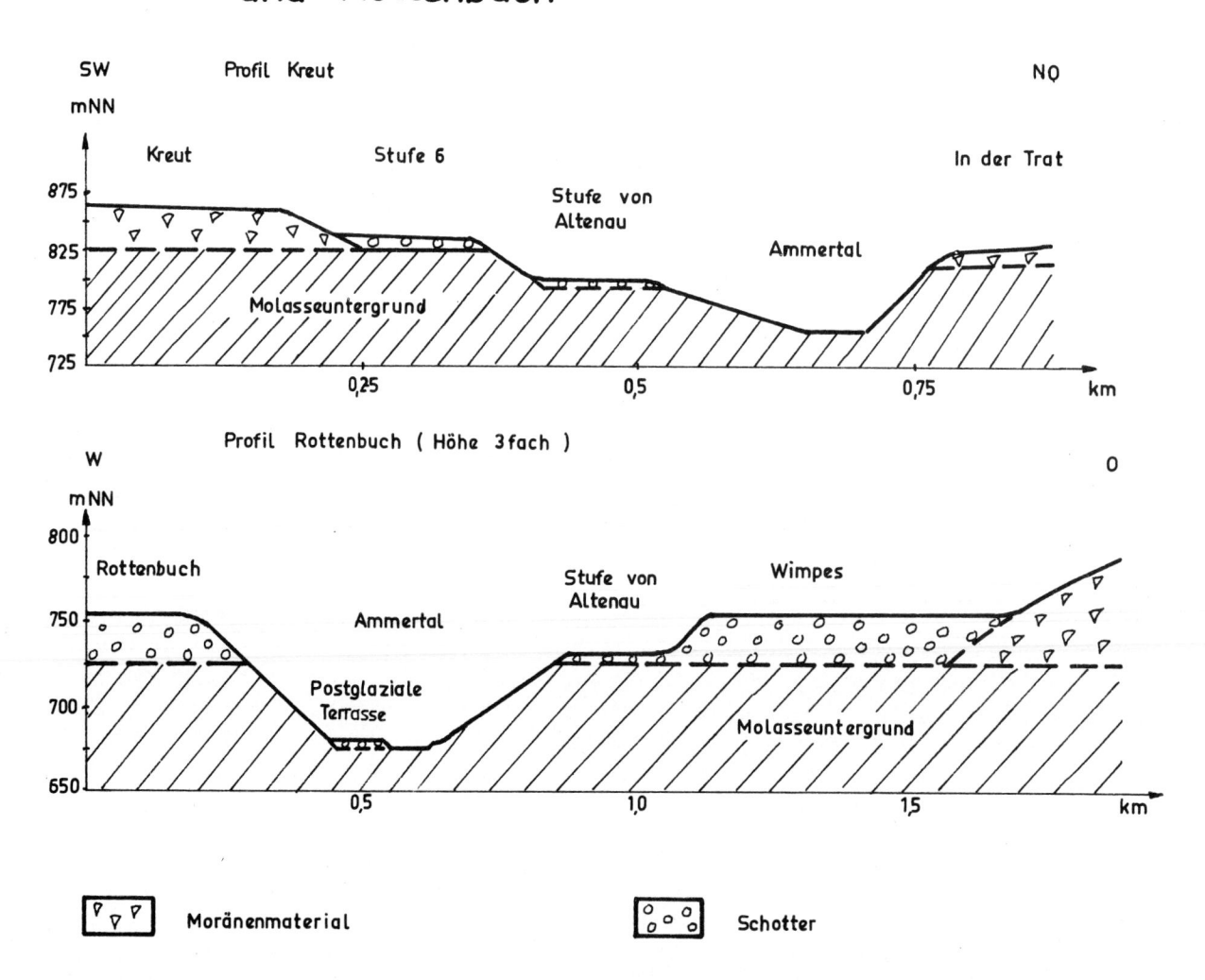

Derselbe Befund ergibt sich im Profil Kreut, nur ist die Altenauer Terrasse an dieser Stelle in den Molasseuntergrund eingetieft. Die Molasse bildet hier auch den Abhang, der zur nächsthöheren Stufe 6 hinaufführt. Im Bereich der Ammer ist diese Stufe östlich des Weilers Kreut erhalten geblieben. Sie läßt sich unterhalb der Kreuter Verebnung bis nördlich Hargenwies verfolgen, wo während des Stillstandes in der 4. Rückzugsphase die Stirn des Ammergletschers gelegen hat. Aus dem Niveauunterschied von ca. 20 m folgt ferner, daß die Randlage der Altenauer Terrasse weiter im Süden zu suchen ist und nicht mit den Moränen am Wildgraben im Verbindung zu bringen ist.

Die Höhenlagen der Terrassenreste in Bezug auf die Ausgangsbasis, der Peitinger-Schongauer Stufe, erlauben den Schluß, daß wir es mit einem Terrassenniveau zu tun haben, welches größtenteils der Erosion zum Opfer gefallen ist. Ein strenger Beweis für diese Folgerung soll im nächsten Abschnitt erbracht werden. Es galt nun, die Ansatzstelle dieser Terrassenstufe zu finden. Nach dem erwähnten Moränenwall am Wildgraben (nördl. Peustelsau) folgen zum Zungenbecken hin nur noch zwei Moränenkränze. Sie umgeben das Zungenbecken nördlich und südlich des Ortes Altenau und sollen deshalb definitionsgemäß der Äußeren bzw. Inneren Altenauer Phase zugeordnet werden. Nur im Bereich des inneren Walles hat sich der Übergangskegel erhalten, während man am äußeren Wall vergeblich sucht. Auf der beginnenden Schotterflur (Bild 4) liegt der Ort Altenau, so daß für die dort wurzelnde Niveaufläche die Bezeichnung „Altenauer Stufe" geeignet erscheint. Nach diesem morphologischen Befund ist der Aufbau der Altenauer Stufe den Schmelzwässern der „Inneren Altenauer Phase" zuzuschreiben.

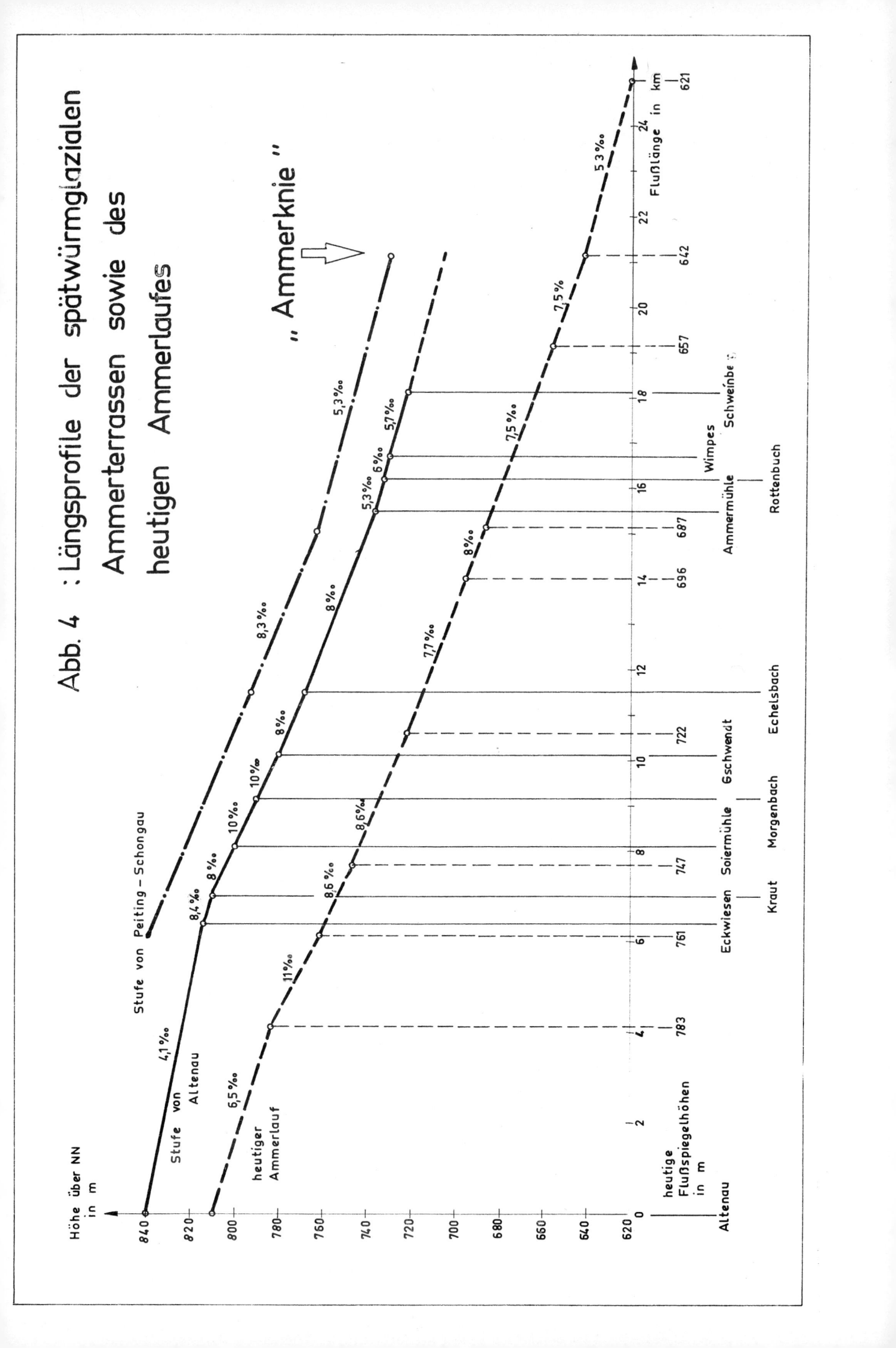

Abb. 4: Längsprofile der spätwürmglazialen Ammerterrassen sowie des heutigen Ammerlaufes

### 5.3.2 Vergleich der Längsprofile verschiedener Ammerniveaus

In Abb. 4 sind nun die Gefällskurven des heutigen Ammerlaufes, der Stufe von Altenau und der Peiting-Schongauer Terrasse gegeneinander angetragen. Dabei ist zu bemerken, daß für den heutigen Ammerlauf die jeweils in der Topographischen Karte 1:25000 eingetragenen Flußspiegelhöhen verwendet wurden. Die Flußlänge wurde für die beiden unteren Kurven identisch gewählt, da auf Grund der Eintiefung in die Molasse der Flußlauf zur Zeit der Altenauer Phase im großen und ganzen dem heutigen entsprach.

Aus der Abbildung ist zu entnehmen, daß sich die Gefällskurven des heutigen Ammerlaufes und der Stufe von Altenau — wenigstens im Abschnitt Eckwiesen–Schweinberg — in Bezug auf die Gefällswerte stark ähneln, wenn auch der Lauf der Ammer heute ausgeglichener ist und die Gefällszahlen weniger streuen. Der fast parallele Verlauf beider Kurven darf ebenfalls als Beweis für die Annahme gelten, daß die Terrassenreste zu derselben Rückzugsphase zu rechnen sind.

Die beiden flachen Gefällsabschnitte in der Altenauer Stufe bedürfen noch einer näheren Erläuterung. Zwischen Altenau und Eckwiesen existiert nur ein Gefälle von 4,1‰. Dabei handelt es sich um die Strecke vor Eintritt in die Zone der Molassemulden. Hier haben die Schmelzwässer mehr in die Breite erodiert, während sich nördlich ein Abschnitt starker Tiefenerosion anschloß. Den Gefällsknick hat der Fluß in der Zwischenzeit durch rückschreitende Erosion weiter flußauf verlegt, das Gefälle ist jedoch immer noch unausgeglichen. Das flache Stück ab Ammermühle mit Werten um 5‰ liegt genau vor dem Durchbruch der Ammer durch die Molasserippe von Schnalz und Schnaidberg. Die Kurve der Peiting-Schongauer Terrasse weist hier ebenso geringere Steigungsbeträge auf. Auch dieses charakteristische Verhalten kann mit unterschiedlichen Erosionsleistungen vor und nach dem Hindernis erklärt werden. In diesem Talabschnitt hat der Fluß heute sein Gefälle ausgeglichen.

Für die Fragestellung dieser Arbeit ist die Stelle des Ammerknies am wichtigsten. Die Ammer biegt heute in etwa 642 m NN nach Osten ab; das Niveau der Peiting-Schongauer Stufe liegt bei 730 m NN, also 88 m über dem jetzigen Flußspiegel. Da im Bereich dieser Schlüsselstelle Terrassenreste der Stufe von Altenau fehlen, muß man die damalige Flußspiegelhöhe rekonstruieren. Setzt man die Gefällskurve mit einem minimalen Wert von 5‰ fort, so wäre das damalige Ammerniveau an der Stelle des heutigen Knies in einer Höhe von ca. 706 m NN gelegen, also 25 m unter dem Terrassenrand der Peiting-Schongauer Stufe. Daraus folgt eindeutig, daß die Ammer bereits zur Zeit der Altenauer Stufe umgelenkt worden war. Da der Ammergletscher zur Zeit der Altenauer Phase sein Zungenbecken noch ganz ausfüllte, muß das Ereignis der Anzapfung entgegen der Anschauung J. KNAUERs ins Spätglazial verlegt werden.

### 5.4 Die Lage des Eisrandes zum Zeitpunkt der Umlenkung

Auf Grund der in Abschnitt 5.2 dargelegten Ergebnisse der Schotteranalysen muß die Umlenkung der Ammer unmittelbar nach dem Rückzug des Gletschers von der für die Stufe 5 maßgeblichen Randlage erfolgt sein. Die Rekonstruktion dieses Endmoränenverlaufs wird dadurch erleichtert, daß einmal das Oberhausener Becken noch eiserfüllt gewesen sein muß, zum anderen die Entwässerung des Ammergletschers bereits in der Richtung des heutigen Ammerlaufes erfolgt ist.

Die Verbindung des östlichen Teilfeldes der Peiting-Schongauer Stufe mit der Böbinger Moräne wurde bereits in mehreren Arbeiten erwähnt (C. TROLL 1925, J. KNAUER 1937). Dabei handelt es sich um den vor der Böbinger Zunge des Loisachgletschers geschütteten Sander. Im Umkreis von Peißenberg käme nach obiger Voraussetzung nur die Weilheimer Moräne in Frage, da bei dieser Randlage lediglich das südlichste Ammerseebecken noch eiserfüllt war. Allerdings wurde diese Moräne von J. KNAUER (1944) stark in Zweifel gezogen, so daß hierzu noch eine genaue Untersuchung nötig ist (vgl. Kapitel 9).

Im Bereich des Ammergletschers endigt die Peiting-Schongauer Stufe jedoch nicht, wie in den Skizzen von C. TROLL (1925) und J. KNAUER (1937) angedeutet, bei Echelsbach, sondern läßt sich auf der westlichen Talseite der Ammer über Murgenbach weiter verfolgen. Sie wurzelt an einem Moränenwall, der sich westlich Hausen über Kreutern, Findl bis südlich Schachen hinzieht. Bei Murgenbach vereinigten sich die Schmelzwässer zweier Gletschertore, die westliche Schmelzwasserrinne biegt südlich des Weilers Perau rechtwinklig nach Osten ab und schlägt die Richtung zur Ammer ein, während bisher die Entwässerung zum Illachgraben erfolgte. Die Wässer des östlichen Tores fließen zum Teil über Murgenbach, ein anderer Teil benutzt den direkten Weg zur Ammer. Wahrscheinlich wurde diese nach E führende Rinne erst zu einem späteren Zeitpunkt angelegt, da sie sich noch ein beträchtliches Stück innerhalb des Moränenwalles bis etwa P. 870 verfolgen läßt. Zu diesem Zeitpunkt war das Murgenbacher Schotterfeld bereits trockengefallen. Auf die zeitliche Differenz in der Entstehung der beiden Rinnen weist auch die Terrassenkante oberhalb Schachen hin, mit der die östliche direkte Rinne von der westlichen abgesetzt ist. Auf der rechten Talseite der Ammer setzt sich die Randlage im Eckbühl von Bayersoien fort. Es erscheint daher sinnvoll, von der Bayersoiener Phase zu sprechen.

Für unsere Fragestellung ergibt sich somit, daß die Umlenkung der Ammer unmittelbar nach dem Rückzug des Ammergletschers von der Bayersoiener Randlage erfolgte. Bis zum Erreichen des Altenauer Zungenbeckens hatte sich der Ammerlauf bereits um ca. 25–30 m in den Molasseuntergrund eingetieft. Die verhältnismäßig tiefe Lage der Erosionsbasis im Oberhausener Becken rechtfertigt diesen hohen Betrag der spätglazialen Tiefenerosion.

# 6. Die maximale Erstreckung des Ammergletschers zwischen Lech- und Loisachgletscher

## 6.1 Spezielle Zielsetzung

Über die Erstreckung des Ammergletschers zur Zeit der maximalen Vergletscherung gehen die Meinungen stark auseinander (vgl. 1.1.2). In diesem Zusammenhang muß daher die Frage gestellt werden, ob sich der kleinere Ammergletscher zwischen den beiden Nachbarn, Loisach- und Lechgletscher, frei entfalten und seine Zunge bis in die Gegend des Hohenpeißenbergs vorschieben konnte. Daran müssen von vornherein gewisse Zweifel bestehen; den die Gletscher mußten in den Haupttälern erst beträchtlich anschwellen, ehe sie über Sättel und Pässe den Ammergletscher nähren konnten (vgl. 3.3.2). Zum Zeitpunkt des Überquellens mußten Lech- und Loisachgletscher längst das Vorland erreicht haben. Allein im Bereich des Ettaler Sattels kann man mit einer Eismächtigkeit von mind. 400 m rechnen, wie Wasserbohrungen in den Loisachalluvionen beweisen. Unter Verwendung des von PENCK (1901/09, S. 180) angegebenen Mindestgefälles von 11 ‰ wäre das nördliche Ende des Loisachgletschers in der Gegend von Weilheim zu suchen. Erst ab diesem Zeitpunkt konnte ein Überfließen des Ettaler Sattels stattfinden.

Bereits bei der Auswertung der Schotteranalysen in Kap. 5 zeigte sich, daß es gewisse Unterschiede in den Terrassensedimenten von Urammer und Urlech gibt. Dies kann nur auf die unterschiedliche petrographische Situation in den 3 Gletschergebieten zurückzuführen sein. Es galt daher, Unterscheidungskriterien für die einzelnen Gletschergebiete zu finden, um daraus schließlich die Nahtstellen zu rekonstruieren. Gleichzeitig muß daraufhingewiesen werden, daß derartige Kriterien nur für den Randbereich Gültigkeit besitzen, denn innerhalb eines Gletschergebietes kann es starke Unterschiede in der Gesteinszusammensetzung geben (vgl. F. KOHL 1965). Dies dürfte vorwiegend eine Folge davon sein, daß die relativen Lagebeziehungen innerhalb des Gletschereises weitgehend erhalten bleiben.

## 6.2 Unterscheidungskriterien der Gletschergebiete

### 6.2.1 Geröllauszählungen

In insgesamt 11 Aufschlüssen wurden Geröllauszählungen vorgenommen. Dabei wurde versucht, je Gletschergebiet mehrere Aufschlüsse zu analysieren, um stichhaltigere Aussagen treffen zu können. Ungünstige Aufschlußbedingungen in der Moränenlandschaft verhinderten eine Ausweitung der Untersuchungen. Das Ergebnis ist in Tab. 10 zusammengestellt.

Zunächst erkennt man, daß im Bereich des Loisachgletschers der Kristallinanteil um 3,5 % liegt, während er in den Gebieten der anderen beiden Gletscher deutlich niedriger ist. Die Unterschiede sind jeweils auf dem o,5 % Niveau signifikant, so daß mit größter Wahrscheinlichkeit eine Abgrenzung gegeneinander möglich ist. Weiterhin zeigt sich, daß beim Ammergletscher eine höherer Prozentsatz zentralalpinen Gesteins vorhanden ist als beim Lechgletscher. Dies unterstreicht die Tatsache, daß sehr viel Loisachgletschereis beim Aufbau des Ammergletschers beteiligt war. Allerdings sind die Unterschiede zwischen dem Kristallinanteil im Lechgletscher und dem des Ammergletschers zu gering, als daß sich hieraus ein Abgrenzungsmerkmal ergeben könnte. Deshalb mußten andere Untersuchungsmethoden angewandt werden.

### 6.2.2 Chemische Analysen

Repräsentative Proben wurden im Labor auf ihren Karbonatanteil untersucht. Der Befund (Tab. 10) deckt sich mit den Ergebnissen der Geröllauszählungsmethode. Den höchsten Nichtkarbonatanteil mit etwa 38–40 % besitzt der Loisachgletscher, während die Ablagerungen der beiden anderen Gletscher Werte zwischen 24 und 28 % aufweisen. Die Mittelwerte der jeweiligen Karbonatanteile liegen mit 72,9 % (Ammergletscher) bzw.

73,9 % (Lechgletscher) so dicht beieinander, daß auch nach dieser Methode kein Abgrenzungskriterium abzuleiten ist.

F. KOHL (1965) gibt für Schotterproben aus dem Isarbereich ein Verhältnis von etwa 85:15 % (Karb.: Nichtkarb.) an und liegt damit deutlich über unseren Werten. Allerdings sind seine Analysen im östlichen Teil des Isarvorlandgletschers durchgeführt worden. Dies bestätigt noch einmal, daß derartige Untersuchungen nur für einen beschränkten Teil eines Vorlandgletschers Gültigkeit besitzen.

Um einen Einblick in den Anteil der Gerölle an dolomitischen Kalken zu gewinnen, wurde der Karbonatanteil nach der Komplexonmethode weiter differenziert. Das Ergebnis ist ebenfalls Tab. 10 zu entnehmen. Dabei ergibt sich nun, daß der Dolomitanteil im Moränenmaterial des Isargletschers bei einem Ca/Mg-Verhältnis von rund 3,3:1 wesentlich geringer ist, als beim entsprechenden Wert von 2,8: 1 der Proben aus dem Lechgletscher. Am höchsten jedoch ist er mit 2,4:1 beim Ammergletscher, der sich damit auch recht deutlich vom Lechgletscher unterscheidet. Auf Grund der engen Gruppierung der Werte um den jeweiligen Mittelwert kann doch von einem aussagekräftigen Unterscheidungsmerkmal gesprochen werden. Interessant ist noch, daß unser Ca/Mg-Verhältnis vom Isargletscher zahlengemäß genau mit dem von KOHL gefundenen übereinstimmt. Bezüglich der Verwitterbarkeit der Gerölle ergibt sich, daß sie bei den Ablagerungen des Isargletschers am höchsten anzusetzen ist.

Zusammenfassend kann festgestellt werden, daß sich Ablagerungen des Isar- und Lechgletschers bzw. Ammergletschers bereits mit der Geröllauszählungsmethode unterscheiden lassen. Zur Abgrenzung Lech-/Ammergletschergebiet muß das Ca/Mg-Verhältnis herangezogen werden. Die Karbonatbestimmungen beweisen nochmals die Richtigkeit der Auszählungsmethode.

## 6.3 Die Nahtstellen der Gletschergebiete

### 6.3.1 Die Nahtstelle zwischen Lech- und Ammergletscher

Die Frage nach der Grenze der beiden Gletschergebiete, die während des Höchststandes der Vereisung zu einem Eisfächer verschmolzen waren, ist gleichbedeutend mit dem Problem, die erste deutlich ausgeprägte Rückzugslage zu rekonstruieren. In dem Gebiet zwischen Steingaden im W und der Ammer im E heben sich eine ganze Reihe von Moränenwällen heraus. Westlich der breiten Terrassenlandschaft der Illach sind es mindestens 4 nordsüdlich streichende Züge, in der östlichen Hälfte gestaltet sich die Zuordnung der Moränen zu einer Randlage sehr schwierig. Jedenfalls ändert sich hier die Streichrichtung.

B. EBERL (1930) erblickt in der Mulde des Kläperfilzes und des Schwarzenbachs die Trennungsfurche zwischen Ammer- und Lechgletscher, und zwar gehören die beiderseits der Nahtstelle verlaufenden Moränen seiner 3 a-Randlage an. Die äußersten Würmmoränen kamen hier nicht zur Ausbildung. H. Ch. HÖFLE (1969) dagegen gelangt zu der Ansicht, daß der Illachgraben die Funktion der Grenzkerbe erfüllt hat. Er schreibt: „An Hand der Geschiebe (hoher Anteil an inneralpinen Gesteinen) kann der Einflußbereich des Ammergletschers bis nahe an den östlichen Rand des Illachtales nachgewiesen werden" (S. 53).

Für die zweite Auffassung spricht zunächst einmal die Breite des Illachtales, denn immerhin mußten ja die Schmelzwässer aus beiden Gletschergebieten hier abfließen. Zur endgültigen Klärung wurde nun das zu beiden Seiten aufgeschlossene Material analysiert. Wie Tab. 10 deutlich macht, liegt der Kristallinanteil im Aufschluß Straubenbach östlich des Illachgrabens zwar mit 1,5 % höher als im Aufschluß Schwarzenbach (westlich des Illachgrabens) mit 0,8 %, doch kann auch diesem geringen Unterschied zunächst noch kein weiterführender Schluß gezogen werden. Die Irrtumswahrscheinlichkeit ist dabei noch zu groß. Dies gilt in gleichem Maße für die Karbonatanteile mit 72,4 bzw. 76,1 %. Beim Ca/Mg-Verhältnis dagegen ist der Unterschied deutlich. Die Werte 2,43:1 bzw. 2,90:1 stammen von Material aus verschiedenen Einzugsbereichen.

Zur Erläuterung muß noch hinzugefügt werden, daß die Proben westlich des Illachgrabens aus Moränenmaterial entnommen wurde, östlich der Illach mangels anderer Aufschlüsse aus moränennahem Schotter. Dies hatte jedoch auf die Fragestellung keinen Einfluß. Der Moränenwall westlich der Illachterrassen ist damit eindeutig dem Lechgletscher zuzuordnen und stellt den ersten deutlich ausgeprägten Rückzugswall dar. Auf der Ostseite beginnen die Ablagerungen des Ammergletschers. Inwieweit beim Rückzug der eisfrei werdende Raum hauptsächlich auf Kosten des Ammergletschers geschaffen wurde (H.Ch. HÖFLE 1969, S. 54) muß bezweifelt werden, angesichts der Tatsache, daß der Ammergletscher weitgehend nur ein Ableger des Isargletschers war und somit kaum langsamer zurückschmolz als der Lechgletscher.

### 6.3.2 Die Nahtstelle zwischen Loisach- und Ammergletscher

Über die Erstreckung des Ammergletschers nach N gehen die Ansichten noch weiter auseinander. H. Ch. HÖFLE (1969) greift eine Vermutung PENCKs auf, wenn er meint, daß der Eckbühl (828 m) bei Bayersoien einen Teil der Mittelmoräne des Loisach- und Ammergletschers bildet. Dieser Moränenzug setzt sich südlich des Soiener Sees bis Saulgrub fort, wird dort durch die B 23 gequert und endet schließlich am Fuß der Hörnle-Gruppe.

Auf dem Eckbühl errichtete die Gemeinde Bayersoien im Oktober 1972 einen neuen Wasserbehälter. Ein ca. 6 m tiefer Schacht gestattete Einblick in die innere Struktur des Hügels. Die Aufschlußaufnahme ergab folgendes: Sehr lehmiges Material mit zahlreichen gekritzten Geschieben, Größe der Blöcke bis 1 m Durchmesser, Anteil des Kristallins ca. 1 %. Daraus folgt eindeutig, daß es sich um eine Endmoräne des Ammergletschers handelt. Demnach erstreckte sich dieser mindestens bis Bayersoien. Allerdings stellt der Eckbühl nicht einen Teil der Mittelmoräne dar, sonst müßte der Kristallinanteil wesentlich höher sein. Eine solche Mittelmoräne muß — — wenn sie überhaupt existiert — weiter im N zu finden sein.

Ein für die Fragestellung entscheidender Aufschluß befindet sich ca. 500 m südöstlich Schönberg (Blatt 8231 Peiting, R 25 100 H 86 750). Der Kürze wegen sei er mit „Aufschluß Schönberg" bezeichnet. Er liegt ca. 1,5 km nördlich des Eckbühls. Einen Einblick in den Schichtenaufbau gewährt Abb. 5.

## Abb. 5 : Schichtenaufbau der rechten (nordöstlichen) Abbauwand im Aufschluß Schönberg (1972)

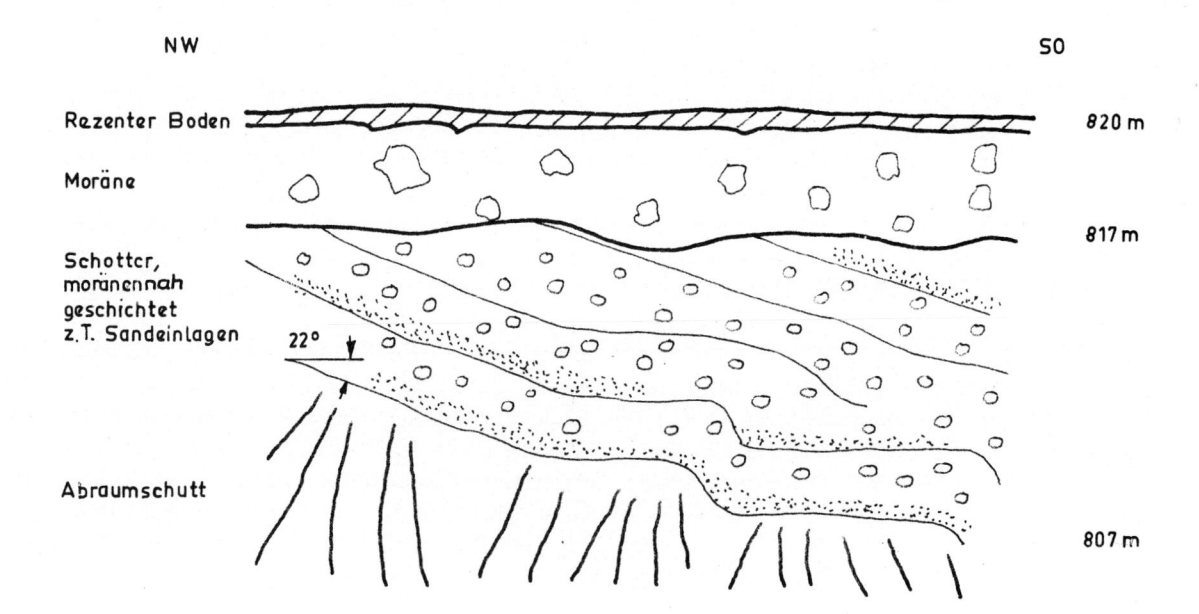

1972 zeigte die nordöstliche Abbauwand folgendes Aussehen. Unter einer etwa 3 m mächtigen Moränendecke schließen diskordant geschichtete Schotter an, zum Teil von Sandlinsen unterbrochen. Die Schichten selbst weisen an verschiedenen Stellen eigenartige Sattelstrukturen auf, ohne daß sich dort die Gesteinszusammensetzung ändert. Der erste Befund ergibt somit, daß der Liegendkomplex nachträglich durch einen Gletscher überfahren wurde.

Genauere Analysen führten zu dem Ergebnis, daß der Kristallinanteil sowohl in der Hangendmoräne als auch in den Liegendschottern bei 4 % liegt. Damit gehören beide Komplexe dem Loisachgletschergebiet an. Zur Rekonstruktion der Schüttungsrichtung wurden nun im Bereich der Schotter morphometrische Messungen durchgeführt. Sie sind in Tab. 11 zusammengestellt und in Abb. 6 graphisch ausgewertet.

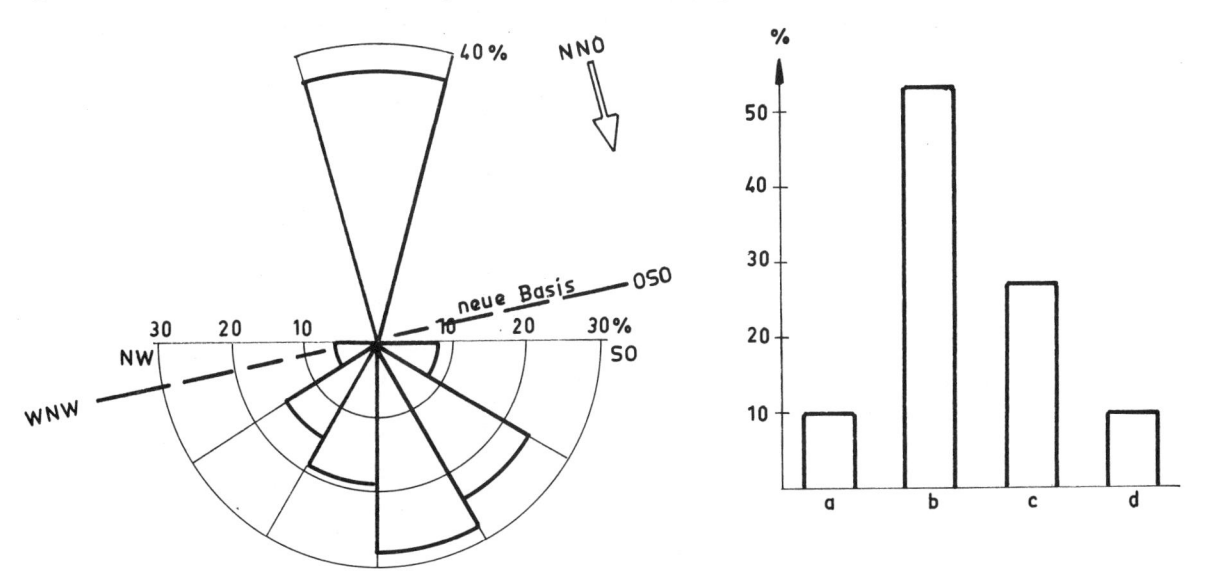

## Abb. 6 : Übersicht über die morphometrischen Untersuchungen im Aufschluß Schönberg (Situgramm und Zurundungsverteilung)

Die Rundungsgradmessungen zeigten einen sehr hohen Anteil an kantengerundetem (53 %) und gerundetem Material. Relativ groß ist auch der Prozentsatz der kantigen Gesteine mit 10 %. Danach sind diese Schotter als moränennahe Vorstoßschotter einzuordnen. Für die Nähe des Gletschers spricht auch die Tatsache, daß manche Gerölle noch leichte Kritzer zeigten. Bezüglich der Herkunft ergibt das Situgramm: Die Einregelungstendenz ist im I. und II. Sektor am größten. Auf Grund des rechtsseitigen Überhangs mußte die Basis neu festgelegt werden. Überraschend hoch ist auch der Anteil der schräggestellten Gesteine. Daraus ist ebenso wie aus dem Vorhandensein solcher Sattelstrukturen auf Stauchungserscheinungen zu schließen. Das Maximum im I. und II. Sektor läßt erkennen, daß sich bei dieser Stauchung ein großer Teil der Steine innerhalb der Grundmasse nach dem geringsten Widerstand eingeregelt hat, um so dem kleinsten Druck ausgesetzt zu sein. Auch darf die Möglichkeit der Solifluktion in der Nähe des anrückenden Gletschers nicht ausgeschlossen werden. Als wahrscheinliche Vorstoßrichtung wäre demnach SSW anzunehmen.

Dies würde bedeuten, daß sich die Böbinger Teilzunge des Isargletschers aus nordöstlicher Richtung kommend über den Kirnberg hinweggeschoben und dabei den älteren Komplex der Liegendschotter gestaucht hat. Feststeht, daß der Ammergletscher das Gebiet um Schönberg nicht erreicht hat. Der Einwand, daß dessen Ablagerungen noch unter den Liegendschottern vorhanden sein könnten, kann damit entkräftet werden, daß der Ammergletscher als Ableger der beiden großen Nachbarn einen großen zeitlichen Rückstand hatte.

Zusammenfassend zeigte sich, daß der Ammergletscher im W bis zur Illachfurche vorstieß, im N etwa bis Echelsbach. Die Bayersoiener Randlage ist allein dem Ammergletscher zuzuschreiben. Die nördlich davon parallel dazu verlaufende Kirmesauer Moräne gehört ihrer Erstreckung nach ebenfalls dem Ammergletscher an. Genauere Ergebnisse konnten diesbezüglich infolge des Aufschlußmangels nicht gewonnen werden.

# 7. Die Entstehung des Illachgrabens

## 7.1 Spezielle Problematik

Der Illachgraben und seine Fortsetzung, der Kurzenrieder Graben, stellen einen steil eingesenkten Durchbruch durch die Molasse dar. Auf einer Länge von 12 km wurde ein schluchtartiges Tal geschaffen, welches den Vergleich mit dem benachbarten Ammertal nicht zu scheuen braucht. Der Illachgraben beginnt etwa auf der Höhe des Längstals zwischen Schneidberg und Trauchberg, setzt sich dann fort in der Terrassenlandschaft der Illach westlich von Wildsteig und erreicht in weitem Bogen die Rudersauer Senke. Hier beginnt nun der Kurzenrieder Graben, der im Nauf das Niveau des Kellershofer Trockentals mündet. Angesichts der Bescheidenheit des heutigen Illach-Baches taucht natürlich sofort die Frage nach der Entstehung des Durchbruchstals auf. Die Lösung, daß wir es mit einer Schmelzwasserrinne zu tun haben, liegt nahe. Ungeklärt ist allerdings, warum sich diese Schmelzwässer in die harten Molaserippen einschnitten und nicht einen bequemeren Abfluß suchten.

In der Literatur finden wir bei L. SIMON (1926) einige Hinweise. Er tritt für eine Präexistenz der Illachschlucht ein. Zur Zeit des Maximalstandes wölbte sich der Loisachgletscher darüber, während sich die Schmelzwässer von Lech- und Ammergletscher in den Illachgraben hineingossen und unter dem Loisacheis nach N flossen. Andererseits meint er, daß sich die scharf zugespitzte Zunge des Ammergletschers in die Schlucht hineinschieben wollte und am Eingang steckengeblieben ist (S. 15). Auch die Tektonik zog er noch zur Erklärung heran.

Realistischer betrachtet B. EBERL (1930) diese morphologische Form. Die Entstehung verlegte er ins W I, als — seiner Meinung nach — zur Zeit der maximalen Vereisung zwischen den beiden Gletschern nur ein schmaler Raum eisfrei blieb, wo die Schmelzwässer in das schon eisfreie Gebiet hinausgelangen konnten. Im folgenden soll nun versucht werden, das Problem sowohl von S als auch von N her einer Lösung zuzuführen.

## 7.2 Die Situation im Bereich des Kurzenrieder Grabens

### 7.2.1 Die Moränen der Tannenberger Phase

Der erste frische Moränenkranz innerhalb der maximalen Randlage wurde von L. SIMON (1926) im Bereich des Lechgletschers dem Tannenberger Stadium[1] zugeschrieben. Bei B. EBERL (1930) ist es die W III a-Randlage. Ihr Verlauf innerhalb des Arbeitsgebietes läßt sich aus den Kartenskizzen von C. TROLL (1925) und J. KNAUER (1937) entnehmen. Beide Autoren lassen die Tannenberger Moräne am Kellershofer Trockental südlich von Peiting-Kurzenried enden. Auf der Ostseite dieser Schmelzwasserrinne ist nur noch ein Rest im Bereich der Schnellerwiesen erhalten. Dann verliert sich die Wallform seiner Ablagerungen am Gehänge der Bergwiesen. Erst am Nordhang der Rudersauer Talung ist wieder ein Moränenrest am Kellershofer Holz aufgeschlossen. Dieser erweist sich ebenso wie die Moräne bei den Ristlehöfen am Südhang als Ablagerung des Lechgletschers. Die vorhandenen Aufschlüsse führen kaum zentralalpine Bestandteile. Daß sich die Tannenberger Randlage über diese beiden Lokalitäten fortsetzt, kann zunächst nur vermutet und muß später bewiesen werden (vgl. 7.2.4).

---

[1] Es wäre besser, von der Tannenberger Phase zu sprechen und den Begriff „Stadium" nur dann anzuwenden, wenn sich wirklich ein eigenständiger Vorstoß nachweisen läßt. In diesem Sinne hat sich bereits H. GRAUL (1957, S. 211) geäußert.

### 7.2.2 Die Schmauzenberg Moräne

Auf der Ostseite des Kurzenrieder Grabens wurde am Schmauzenberg eine Moräne abgelagert, die sich zunächst nur undeutlich am Gehänge des Schnaidbergs abzeichnet, gegen S zu — etwa in der Gegend des Ölberger Weihers — aber deutlich als Wallform in Erscheinung tritt. Die durchgeführten Analysen in der dort befindlichen Kiesgrube (Blatt 8231 Peiting, R 20925 H 88400, Bild 5) erbrachten die in Tab. 12 und Abb. 7 dargestellten Ergebnisse.

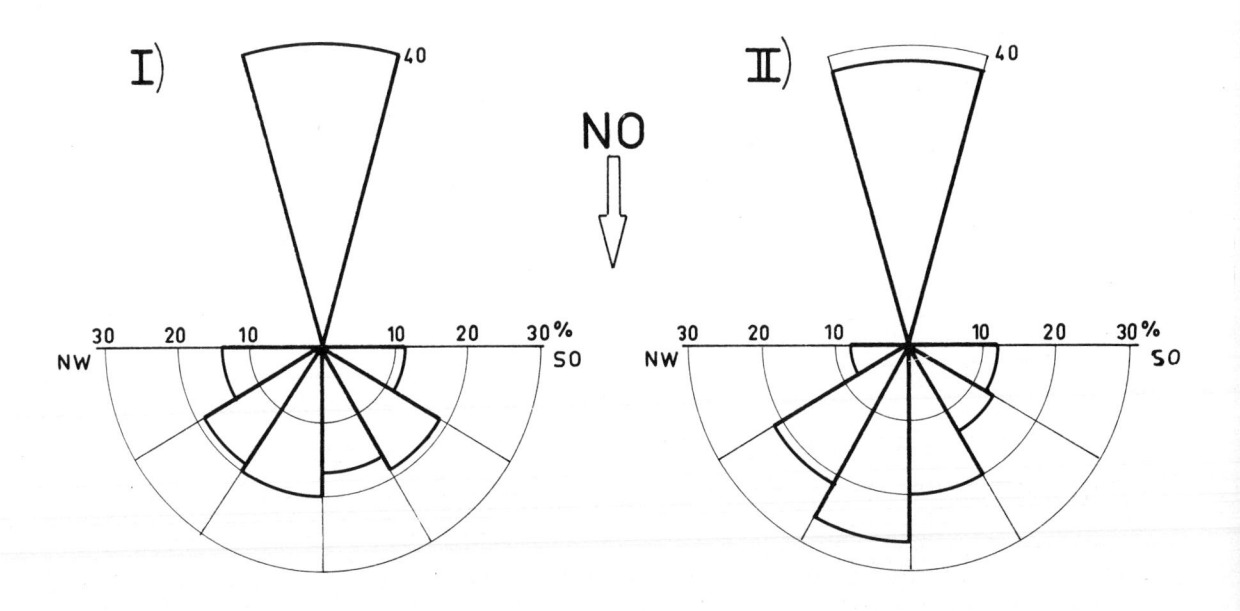

### Abb. 7 : Situgramme der Schmauzenberg - Moräne
( vgl. auch Tab. 12 )

Die NO—SW streichende Profilwand zeigt in einer Mächtigkeit von über 12 m sanft nach N einfallende Geröllschichten. Dabei wechseln Kies-, Sand- und Schlufflagen unregelmäßig ab. Die Schichten sind zum Teil stark verbogen, wobei die Größe der Sattelstrukturen mit der Tiefe zunimmt. Auffällig ist, daß sich die Sättel nach NO zu flacher abdachen als nach SW. Innerhalb des Aufschlusses sind auch Zonen starker Blockanreicherung feststellbar. Beim Betreten der Kiesgrube fällt weiterhin der hohe Anteil an kristallinen Geröllen auf. Diesbezüglich ergab die Auszählung 3,8 %. Auch gekritztes Material findet sich recht häufig. Für die Frage der Geröllherkunft sind auch die beiden Situgramme (Abb. 7) aussagekräftig. Situgramm I gibt die Verhältnisse in den flachliegenden Sedimenten wieder: Bemerkenswert sind dabei der hohe Anteil an kantengestelltem Material (40 %) sowie eine verhältnismäßig breite Auffächerung der Einregelungstendenz mit einem kleinen Maximum in den Sektoren I und II. Ein hoher Prozentsatz (38 %) kantengestellter Gerölle läßt sich auch aus Situgramm II entnehmen, welches die Situation im Bereich der Sattelstrukturen wiedergibt. Die Einregelungstendenz ist hier deutlicher. 80 % der Gerölle verteilen sich auf Sektor I und II.

Genetisch läßt sich der Aufschlußbefund so deuten, daß die gletschernahe Schüttung kantiger bis kantengerundeter Schotter abgelöst wurde durch eine Periode glazigener Stauchung. Dafür sprechen die hervortretende Einregelungstendenz im I. und II. Sektor, der hohe Anteil kantengestellten Materials und die auch innerhalb der Stauchungsstrukturen durchgehende Schichtung. Bei dem Gletscher handelt es sich um die Böbinger Zunge des Loisachgletschers, nur so läßt sich der vorliegende Kristallinanteil von 3,8 % erklären. Die weit nach W ausladende Form der Schmauzenberg Moräne bildet dafür ein morphologisches Indiz, die Situgramme und die unterschiedlichen Einfallswinkel der Sattelschenkel sind weitere Punkte der Beweiskette.

Abb. 8 : Profil einer Brunnenbohrung am östlichen Rand des Peitinger Trockentales

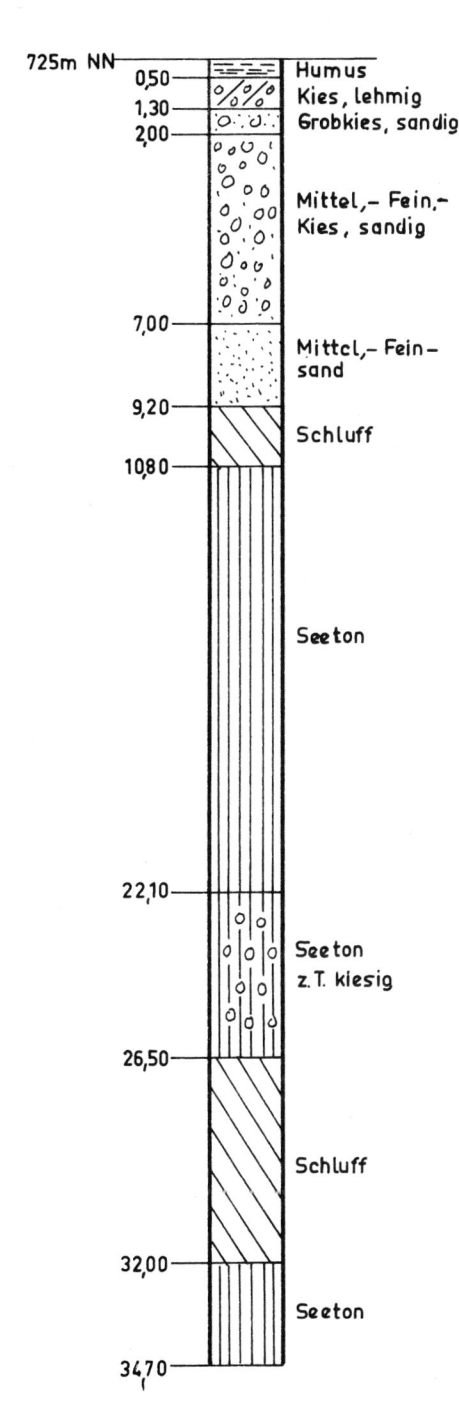

```
725m NN
      0,50 ─── Humus
      1,30 ─── Kies, lehmig
      2,00 ─── Grobkies, sandig

                Mittel,- Fein,-
                Kies, sandig

      7,00 ───
                Mittel,- Fein-
                sand
      9,20 ───
                Schluff
     10,80 ───

                Seeton

     22,10 ───
                Seeton
                z.T. kiesig
     26,50 ───

                Schluff

     32,00 ───
                Seeton
     34,70 ───
```

( Die Bohrung wurde 1970 im Auftrag der Fa. MORALT, Bad Tölz durchgeführt. )

Somit steht fest, daß es sich bei der Schmauzenberg Moräne nicht um die Maximalbildung des Lechgletschers handelt, sondern daß diese Ablagerungen dem Einzugsgebiet des Loisachgletschers entstammen. Auf Grund der Eisstromhöhe von ca. 1000 m NN — rekonstruiert am nahen Hohen Peißenberg — muß angenommen werden, daß auch der Schmauzenberg zur Zeit der größten Vergletscherung eisüberflutet war. Am nördlich angrenzenden Schnaidberg wurden bei Bergwerksarbeiten immerhin 10–15 m Moräne festgestellt. Insgesamt gesehen kann es sich deshalb bei der Schmauzenberg Moräne nur um eine Rückzugsbildung des Loisachgletschers handeln, und zwar um die erste nach Trennung vom Lechgletscher, denn die im W benachbarten Moränenreste am Kellershofer Holz gehören bereits dem Lechgletscher an (vgl. 7.2.1).

### 7.2.3 Die Nahtstelle Lech-/Loisachgletscher

Die in den beiden vorangegangenen Abschnitten herausgestellten Ergebnisse können nur so gedeutet werden, daß längs des Kurzenrieder Grabens die Nahtstelle zwischen Lech- und Loisachgletscher verläuft. Während der Tannenberger Phase bildete sich hier an den nach S einspringenden Rändern eine Abflußrinne aus, durch die die Schmelzwässer beider Gletscher in den schon eisfreien Raum gelangen konnten. Während dieser Rückzugsphase wurde auch die innige Verbindung der beiden Gletscherloben getrennt, so daß ab der Tannenberger Randlage Lech- und Loisachgletscherzunge benachbart nebeneinander lagen. Das reißverschlußartige Öffnen des Eisrandes schritt dabei von N nach S fort. Die Schmauzenberg Moräne des Loisachgletscher kann als gleichaltrig zur Tannenberger Moräne betrachtet werden.

Die Entwässerung erfolgte zunächst nicht zum Kellershofer Trockental hin, da der Gletscher zur Zeit der Tannenberger Moräne diesen Weg noch versperrte. Die Schmelzwässer gelangten vielmehr um den Nordabhang des Schnaidbergs herum über das Tal des Haselbächels auf das Ramsauer Feld. Erst während der nächsten beiden Rückzugsphasen nahmen sie den kürzeren Weg, zuerst über den Haselfilz, dann direkt zum Kellershofer Trockental. Trotz des hohen Schmelzwasserangebots aus dem Bereich beider Gletscher muß die Erklärung des großen Eintiefungsbetrages in die Molasse von über 70 m zunächst noch aufgeschoben werden. Sie kann nur im Vorhandensein einer relativ tiefliegenden lokalen Erosionsbasis zu finden sein.

### 7.2.4 Der Peitinger Schmelzwassersee

Während des Rückzuges der Gletscher von der Maximalrandlage hatte sich im Raum von Peiting ein Schmelzwassersee gebildet, der im N durch die Moränenbarriere abgedämmt wurde. Nur so können das in Abb. 8 dargestellte Bohrprofil, sowie mündliche Auskünfte über Seetonfunde[1] gedeutet werden. Diese Bohrung wurde 1970 am östlichen Rand des Peitinger Trockentals niedergebracht (R 21 000 H 93 050)[2]. Auf eine mächtige Seeton- und Schluffschicht von ca. 25 m folgen nach oben Fein- und Mittelsand und darüber schließlich eine Kiesschicht von etwa 6 m. Auch innerhalb des Kieses nimmt die Körnung nach oben zu. Das Profil zeichnet somit modellartig den Verlandungsprozeß jenes Stausees nach, dessen Spiegelhöhe nicht über 720 m NN lag.

Die Profiloberkante ist identisch mit dem Niveau der Peiting-Schongauer Stufe, zu der auch genetisch die Deckkiesschicht gehört. Da in unmittelbarer Nachbarschaft (nördlich von Ramsau) auch noch Reste der höheren Terrasse erhalten geblieben sind, muß gefolgert werden, daß zur Zeit der Stufe 4 der Verlandungsprozeß abgeschlossen war und die Urammer ihren Weg über Peiting nahm. Deshalb ist die Einordnung der limnischen Sedimentation in die Tannenberger Phase gerechtfertigt. Daß dieser Zufüllungsprozeß relativ rasch vonstatten ging, muß angesichts des starken Materialtransports der Schmelzwässer angenommen werden. Außer der moränalen Fracht muß auch die Masse der im Bereich der Molassehärtlinge erodierten Gerölle mit berücksichtigt werden.

Zur Erklärung der starken Eintiefung in die Molasse hat man nun folgendes zu bedenken: Das Ausgangsniveau der Erosion im Bereich des Kurzenrieder Grabens kann minimal mit ca. 840 m angenommen werden. Auf der 3,7 km langen Strecke bis zur Brunnenbohrungsstelle ergibt sich ein Höhenunterschied von 120 m, was einem minimalen Gefälle von 3,2 % (!) entspricht. Die Folge davon war eine außerordentliche Belebung der Tiefenerosion, welche eine bis zu 70 m tiefe Schlucht in den Molasseuntergrund entstehen ließ.

## 7.3 Die Situation im Bereich der Illachterrassen

Auf Grund der Verhältnisse am Kurzenrieder Graben ergibt sich natürlich sofort die Frage, wie weit nach S sich die erwähnte Schmelzwasserrinne zur Zeit der Tannenberger Randlage bereits erstreckte. Sie ist gleichbedeutend damit, ob auch Lech- und Ammergletscher getrennt waren. Daß zu beiden Seiten der Illachterrassen Material anderer Zusammensetzung abgelagert wurde, konnte schon in Abschnitt 6.3.1 gezeigt werden. Eine zeitlich genetische Einordnung hat sich an den ausgebildeten Terrassenniveaus zu orientieren, wobei in diesem Fall die Bezugsbasis durch das unterste Niveau dargestellt wird. Der Grund liegt darin, daß sich diese Stufe durchgehend über den Kurzenrieder Graben bis zur Peiting-Schongauer Terrasse verfolgen läßt.

### 7.3.1 Die Entstehung der Illachterrassen

Unmittelbar nach der Trennung der Gletscher zog sich der Lechgletscher nach W, der Ammergletscher nach E zurück. In dem dazwischenliegenden eisfreien Raum sammelten sich die Schmelzwässer und schufen sich einen Abfluß nach N, denn der Weg in die zentripetale Richtung war ihnen durch die darin befindlichen Gletscherloben versperrt. Nachdem zwischen den Eisrändern ein 1–1,5 km breiter Saum eisfrei war, behielten die Gletscher ihre Lage über längere Zeit bei. Es kam zur Aufschüttung der Endmoränen der ersten Rückzugsphase.

Im Bereich des Lechgletschers lassen sie sich vom Nordabhang des Schnaidbergs über Gut Schildschwaig, Punkt 892 bis zum Umbiegen des Schwarzenbachs in die östliche Richtung verfolgen. Im Gelände treten sie nur teilweise deutlich hervor, da die Anlagerung von Terrassenschottern die morphologischen Formen an manchen Stellen verwischte. Schwieriger wird die Zuordnung im Gebiet des Ammergletschers. Der Eckberg (966 m) wurde zumindest während der ersten Rückzugsphase bereits eisfrei. Wahrscheinlich gehört die am Nordabhang des Eckberges sich abzeichnende Moräne zu dieser Randlage, die im Kirchberg von Wildsteig ihre Fortsetzung findet.

Mit dem Rückschmelzen auf die erste Randlage nahm allmählich das Schmelzwasserangebot und damit auch die Transportfähigkeit mehr und mehr ab. Es folgte eine Periode der Akkumulation, während der in dem eis-

---

[1] Dabei handelt es sich um Seetonschichten in kurzzeitig geöffneten Baugruben.
[2] Die Unterlagen wurden freundlicherweise von der Direktion der Fa. Moralt, Bad Tölz, zur Verfügung gestellt.

## Abb. 9 : Entstehung des Illachgrabens bei Schwarzenbach

(vgl. KUHNERT / HÖFLE 1969)

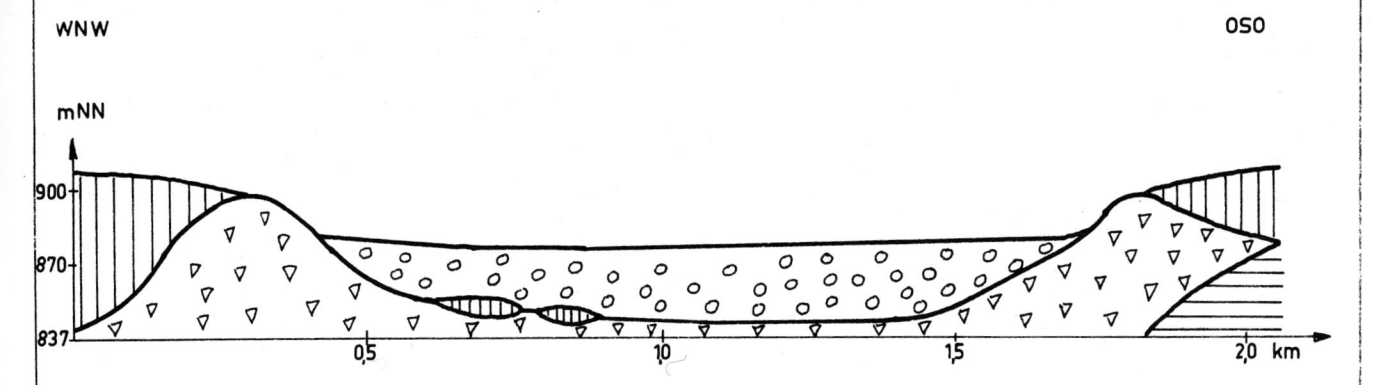

a) Ablagerung der oberen Terrassenschotter (Stufe 3) zwischen Lech- und Ammergletscher nach deren Trennung bis zur ersten Randlage

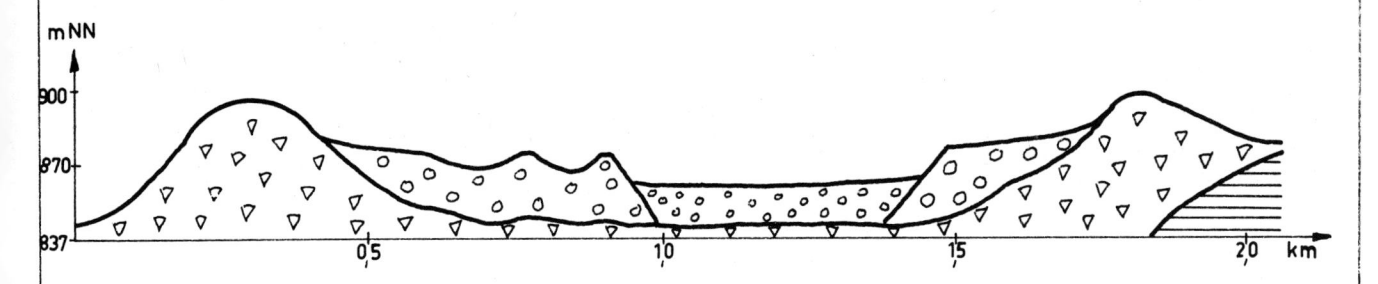

b) Situation nach dem Abschmelzen des Toteises und der Ablagerung der mittleren Terrassenschotter (Stufe 4) während der 2. Rückzugsphase

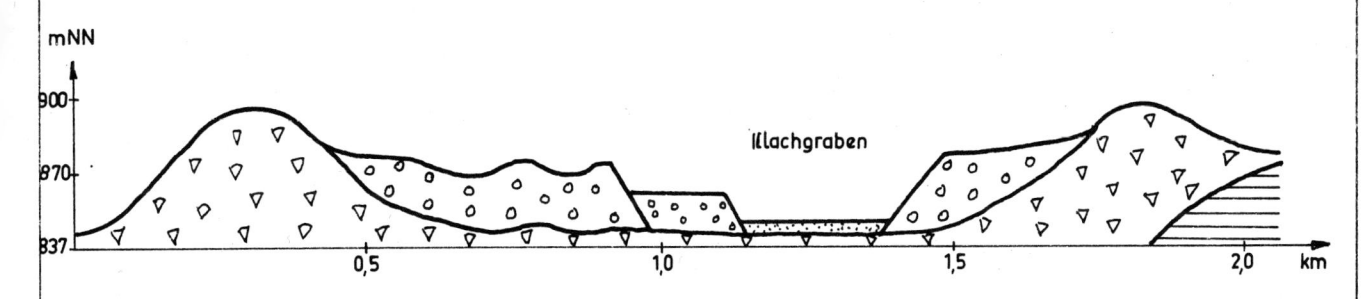

c) Eintiefung des Illachgrabens während der 3. Rückzugsphase und Ablagerung der unteren Terrassenschotter (Stufe 5)

LEGENDE: (Profile 4-fach überhöht)

- Moräne
- Gletschereis + Toteis
- Molasse
- Oberer / Mittlerer / Unterer Terrassenschotter

freien Raum die oberen Terrassenschotter abgelagert wurden (vgl. Abb. 9). Daß dabei noch Toteisreste überschüttet wurden, ergibt sich aus dem Vorhandensein zahlreicher Sölle im Niveau der obersten Terrasse. Nach H. Ch. HÖFLE (1969) lassen sich vier Gruppen von Toteislöchern unterscheiden. Die erste liegt südlich von Holz nahe Wildsteig, die zweite östlich von Schwarzenbach, die dritte westlich des Nesselgrabens und die vierte auf dem vorspringenden Terrassenrest zwischen Nesselgraben und oberstem Illachtal. Ein Teil der Sölle reicht bis zum Grundwasserspiegel, das größte hat eine Längsausdehnung von 750 m und eine Breitenerstreckung von 400 m. Die Mächtigkeit der Schotter beträgt in der oberen Terrasse mindestens 40 m (H. Ch. HÖFLE 1969, S. 55).

Beim Rückzug von der ersten Randlage erodierten die Schmelzwässer einen Teil der Schottermassen, so daß die obere Terrasse im Bereich des Lechgletschers weitgehend beseitigt wurde. In das so entstandene schmälere Urillach-Tal wurden nun beim Rückzug auf die 2. Randlage die mittleren Terrassenschotter abgelagert. Zu dieser Zeit mußten die Toteisblöcke bereits abgeschmolzen sein, denn die mittlere Terrasse zeigt im Gegensatz zur Meinung HÖFLEs keine Sölle mehr.

Das Wechselspiel Erosion – Akkumulation wiederholte sich während der 3. Rückzugsphase noch einmal. Zu dieser Zeit wurde das unterste Niveau geschaffen, welches seine Fortsetzung im Niveau des Illachgrabens und des Kurzenrieder Grabens findet. Nach S läßt es sich durch die Molasseberge bis zum Fuß der Flyschberge verfolgen, so daß neben den Schmelzwässern der Gletscher auch die Entwässerung des nördlichen Ammergebirges durch die Illachfurche erfolgte.

Die Erosionsleistung des postglazialen bescheidenen Illach-Baches war äußerst gering. Er fließt auch heute noch im Niveau der unteren Terrasse. Die nachträgliche starke Vermoorung des Illachtales ist auf den hohen Grundwasserstand des Gebietes zurückzuführen.

Bezüglich der zeitlichen Einordnung läßt sich aus der Dreiphasigkeit des Eintiefungsprozesses entnehmen, daß nach dem Rückschmelzen von der 3. Randlage die Schmelzwässer nicht mehr durch den Illachgraben abflossen, sondern sich andere direktere Wege suchten. Andernfalls wäre es zu einer weiteren Vertiefung des Illachtales gekommen. Die Änderung der Strömungsrichtung der Schmelzwässer muß im Zusammenhang mit dem Freiwerden der Zungenbecken stehen, wodurch tieferliegende Erosionsbasen bestimmend wurden.

Da das tiefste Niveau auf die Peiting-Schongauer Terrasse mündet, ergibt sich, daß die 3. Rückzugsphase des Ammer- und Lechgletschers zeitlich mit der Stufe 5 und deren Bildung gleichgesetzt werden kann. Die beiden höheren Niveaus gehören somit älteren Phasen an, das sind in unserem Arbeitsgebiet die Haslacher- und Tannenberger Phase. Die Moräne der letzteren konnten im Kurzenrieder Graben bis Rudersau und Schmauzenberg verfolgt werden. Die Fortsetzungen sind demnach eindeutig in den Moränen beiderseits der Illachterrassen zu sehen, d. h. zur Zeit der Tannenberger Phase hatte sich der Eisrand zwischen den 3 Gletschern bis fast zu den Flyschhängen des Hohen Trauchbergs geöffnet. Der Illachgraben und seine Verlängerung zeichnen diese Ränder nach. Die Molasseschlucht verdankt somit ihre Existenz der Tatsache, daß es den Schmelzwässern aus dem südlichen Gletschergebiet nur auf diesem Weg möglich war, nach N in den eisfreien Raum zu gelangen.

### 7.3.2 Die Entwicklung der Hydrographie im Bereich der Illachterrassen

Im vorigen Abschnitt wurde die Funktion des Illachgrabens als Sammelader der Schmelzwässer herausgestellt. Ungeklärt blieb allerdings noch, auf welchem Weg sie diese gemeinsame Abflußrinne erreichten. Andererseits erlaubt die Rekonstruktion der Zuflüsse auch die Einordnung der Moränen in die einzelnen Rückzugsphasen. Die Moränen der 1. Randlage wurden bereits erwähnt. Sie müssen zeitlich der Tannenberger Phase des Lechgletschers zugeordnet werden.

Die Endmoränen der 2. Rückzugsphase sind im Bereich des Lechgletschers gut erhalten. Sie beginnen bei P. 874 am Nordhang des Schnaidberges, ziehen von dort geradlinig nach Norden – die Wallfahrtskirche Wies wurde darauf erbaut – bis zum Schwarzenbach-Wald. Auch Kleinreisach und der langgestreckte Wall südlich des Kohlhofener Tälchens gehören dazu. Der höchste Punkt liegt bei 885 m, d. h. rund 15 m unter den maximalen Höhen der ersten Randlage. Die Gletscheroberfläche muß also am Außensaum mindestens um 15 m gesunken sein.

Zwischen Gletscherrand, Schneidberg und Moränen der 1. Randlage kam es im Gebiet des Kläper-Filzes zur Ausbildung eines Stausees. Der Abfluß erfolgte durch die Rinne des Kläper-Filz-Grabens zwischen den Moränen des Schwarzenbach-Waldes und der ersten Randlage. Dort war auch der Zusammenfluß mit den Schmelzwässern aus dem Kleinreisach. Ein dritter Zufluß kam aus dem Kohlhofener Tälchen. Über das Tal des Schwarzenbachs gelangten die Schmelzwässer des Lechgletschers zur Illach. Der spätglaziale Stausee ist bis auf einen kleinen Rest nahe der Wies vollständig vermoort.

Die Endmoränen der 3. Rückzugsphase geginnen beim Lechgletscher am Westende des Schneidbergs bei Resle. Sie lassen sich in leichtem Bogen über den See-Wald, P. 865 und das Haareck bis zu dem E-W-streichenden Wall südlich des Gschwand-Filzes verfolgen. Im Norden gehören noch die Moränen von Litzau und Großreisach dazu. Auch während dieser Phase kam es zur Bildung eines Stausees im Gebiet des Schwefel-, Wies-, und Gschwand-Filzes, wobei die Entwässerung über die Rinne zwischen Schwarzenbach-Wald und Großreisach gerichtet war. Von dort schloß sich das Entwässerungssystem dem der zweiten Rückzugsphase an; d. h. während der dritten Rückzugsphase gelangten die Schmelzwässer des westlichen Lechgletscherrandes immer noch über die Illachfurche nach N. Auf Grund der mittleren Höhenlage der Moränen kann ausgesagt werden, daß sich die Gletscheroberfläche am Außensaum erneut um ca. 20 m abgesenkt hatte.

Die weiteren, im W anschließenden Randlagen haben für die Fragestellung bezüglich des Illachgrabens keine Bedeutung mehr, denn zu dieser Zeit muß die Entwässerung bereits in eine andere Richtung erfolgt sein. Jedenfalls war die Funktion der Illach als große Schmelzwasserrinne mit dem Abschmelzen des Lechgletschers von der dritten Rückzugslage beendet.

Die Situation im Bereich des Ammergletschers ist nicht so einfach. In die zweite Rückzugsphase fällt die Anlage der Perauer Rinne, durch welche das Schmelzwasser des Westrandes des Ammergletschers der Illach zugeführt wurde. Das Niveau dieses Tales liegt deutlich unter dem der mit Toteisformen übersäten höchsten Terrasse. Die Erosionskante ist zwischen Linden und See deutlich ausgebildet. Das Niveau der Perauer Rinne mündet westlich des Kirchbergs beträchtlich über dem heutigen Illachtal und ist mit dem Niveau der mittleren Terrasse zu vergleichen. Dies bedeutet natürlich, daß die Rinne unmittelbar danach trocken gefallen sein muß. Nach H. Ch. HÖFLE (1969, S. 55) findet sich an den Hängen des Perauer Einschnitts[1] umgelagertes Moränenmaterial, welches nach NW in Schotter und nach S in autochthone Moränenbildung übergeht. Hier liegt ein Schwemmkegel von einem Gletschertor vor, in den sich bei verstärktem Schmelzwasserandrang eine Abflußrinne einschnitt. HÖFLEs Auffassung, daß die Perauer Rinne schon während der ersten Rückzugsphase angelegt wurde, kann allerdings aus obigen Gründen nicht gefolgt werden. Der gleichen Phase gehört auch das Trockental östlich des Kirchbergs an, welches unterhalb der Höhe „Auf dem Eck" (894 m) ihren Anfang nimmt. Diese Rinne streicht hier ca. 30 m über dem Murgenbacher Schotterfeld in der Luft aus. Nach H. Ch. HÖFLE (1969, S. 57) lag der Ammergletscher während der dritten Rückzugsphase noch einige Zeit bei Murgenbach. Dies kann jedoch aus zweierlei Gründen nicht möglich sein. Einmal würde dies eine Gletscheroberfläche von mindestens 870 m voraussetzen, zweitens mündet diese Schmelzwasserrinne auf etwa dem gleichen Niveau wie die Perauer Rinne, d. h. sie ist zeitlich der Anlage der mittleren Terrasse (Rückzugsphase 2) zuzuordnen. Bemerkenswert ist noch, daß auch diese Rinne nur während einer Rückzugsphase benutzt wurde und anschließend trocken gefallen ist.

Der Verlauf der 2. Randlage läßt sich auf Grund der Entwässerung längs folgender Moränenhügel ziehen: Hausen, Südhang des Eckbergs, Perauer Holz. Die Fortsetzung wurde durch eine jüngere Rinne unterbrochen, zweifellos gehoren noch die Moräncn westlich Wölfl am Beginn der beschriebenen Rieder Rinne dazu.

Beim weiteren Rückzug des Ammergletschers verlängerte sich die Perauer Rinne nach S bis zum Bären-Filz, einem ehemaligen kleinen Stausee. Die Wässer benutzten jetzt nur noch den südlichen Teil der Perauer Rinne, flossen nicht mehr zur Illach ab, sondern durchschnitten bei P. 874 den älteren Moränenwall und gelangten über Wölfl auf das Murgenbacher Feld. Auch die Entstehung eines Umlaufberges bei Wölfl ist dieser Richtungsänderung zuzuschreiben. Südlich von Murgenbach war auch der Zusammenfluß mit einem anderen Schmelzwasserteilstrom, dessen Übergangskegel zwischen Schachen und Findl[2] aufgeschlossen ist (vgl. 5.4).

---

[1] siehe Aufschlußverzeichnis
[2] siehe Aufschlußverzeichnis

Die 3. Randlage des Ammergletschers beginnt westlich des Wildsees, setzt sich fort über Schneibenwald und westlichen Brunnbühel bis Findl und von dort in östlicher Richtung zum P. 890, der allerdings bereits einer Molasseaufragung angehört. Die Masse der Schmelzwässer des Ammergletschers gelangte folglich schon während der dritten Rückzugsphase zur Ammer. Sie waren maßgeblich am Aufbau der Peiting-Schongauer Stufe beteiligt. Lediglich vom südlichsten Gletscherrand — im Bereich der Molassehöhen Groß-Bicheleck und Haldemooseck — floß immer noch Schmelzwasser in den Illachgraben.

Zusammenfassend kann festgestellt werden, daß der Illachgraben während der ersten drei Rückzugsphasen die Schmelzwässer des westlichen Lechgletschers und des Ammergletschers nach N abführte. Zur Zeit der dritten Phase kam es aber darüberhinaus auch schon zu einem Abfluß in Richtung des heutigen Ammerlaufes. Die Lage der Schmelzwasserrinnen im Bereich der Illachterrassen war von H. Ch. HÖFLE (1969) bereits richtig erkannt. Die Zuordnung der Moränen mußte allerdings korrigiert werden, da sich verschiedene Zusammenhänge erst aus einer vergleichenden Betrachtung mit den im N angrenzenden Gebieten ergeben.

# 8. Zur Fortsetzung der Tannenberger Randlage im Bereich des Loisachgletschers

## 8.1 Spezielle Problemstellung

Der erste Stillstand nach dem Rückzug von den äußersten Moränen wird im Bereich des Lechgletschers als Tannenberger Randlage (L. SIMON 1926) bezeichnet. Die Moränen lassen sich nördlich von Burggen bis an den Lech verfolgen und setzen sich östlich des Flusses in südlicher Richtung bis etwa Kurzenried fort. Dort erreichen sie auch ihre größte Höhe mit 804 m. Wie im vorhergegangenen Kapitel dargelegt wurde, läßt sich der damalige Eisrand entlang der Westseite des Illachgrabens rekonstruieren. Andererseits zeigte sich, daß auf der Ostseite des Kurzenrieder Grabens eindeutig Ablagerungen des Loisachgletschers in Gestalt der Schmauzenberg Moräne anzutreffen sind. Es ist deshalb die Frage nach der weiteren Fortsetzung der Tannenberger Randlage im Bereich des mächtigeren Loisachgletschers berechtigt.

Die Endmoränen der Tannenberger Phase im Lechgletschergebiet heben sich auch im Gelände deutlich hervor; der relative Höhenunterschied zur Umgebung beträgt durchwegs 30–40 m. Allein dieser morphologische Befund läßt auf einen verhältnismäßig langen Gletscherhalt und damit auf eine längere Periode der Klimaverschlechterung schließen. Trotz teilweise unterschiedlichem Einzugsgebiet der beiden Gletscher drängt sich natürlich sofort die Vermutung auf, daß auch der Loisachgletscher auf diese deutliche Klimaschwankung entsprechend reagierte. Daß sich auf Grund des andersartigen Einzugsgebietes eine gewisse zeitliche Verzögerung einstellen kann, ist für unsere Fragestellung zweitrangig, da es mehr um die morphologische Auswirkung eines solchen Gletscherhaltes geht. Es muß aber auch betont werden, daß aus der Existenz einer Rückzugsunterbrechung im Bereich eines Gletschers nicht sofort auf ein gleiches Verhalten eines anderen Vorlandgletschers geschlossen werden darf. Hierzu ist vor allem die Lage des jeweiligen Nährgebietes zu betrachten. In Anbetracht der engen Nachbarschaft beider Gletschergebiete ist die Wahrscheinlichkeit für ein ähnliches Reagieren auf eine Klimaschwankung als relativ hoch anzusehen.

Es fällt auf, daß in den Kartenskizzen von C. TROLL (1925) und J. KNAUER (1936) die Moränen der Tannenberger Randlage jeweils nur bis etwa Kurzenried eingetragen sind. Im Bereich des Ammer-/Loisachgletschers werden zwar gleichaltrige Reste angedeutet, doch kann deren Zuordnung an verschiedenen Stellen nicht befriedigen. Die Peiting-Schongauer Terrasse wurzelt danach z. B. an Moränenwällen verschiedener Rückzugsphasen. C. RATHJENS (1951) und C. TROLL (1954) versuchten beide, diese Probleme zu lösen. Dabei konstruierten sie nun die Fortsetzung über Kalvarienberg und Schloßberg westlich von Peiting, die bisher als Mittelmoräne zwischen Lech- und Loisachgletscher angesehen wurden, und verbanden diese Aufragungen mit dem Moränenwall Birkland–Apfeldorf–Rott, welcher vorher als zur W II c-Randlage des Loisachgletschers gehörig betrachtet wurde. Während C. TROLL hierin die Tannenberger Rückzugsphase erblickte, bezeichnete C. RATHJENS dieselbe Randlage als W II c-Phase. Den großen Abstand zu den äußersten Endmoränen im Bereich des Lechgletschers (W II a und W II b) versucht C. RATHJENS durch den raschen Rückzug des kleineren Lechgletschers zu erklären.

J. KNAUER (1953) konnte auf Grund eines Niveauvergleichs der Schotterterrassen bereits nachweisen, daß die Moränen von Birkland–Apfeldorf und Rott einen Teil der maximalen Endmoränen darstellen. Es bleibt deshalb die Aufgabe, einmal die wirkliche Funktion der sog. „Mittelmoränen" Schloßberg und Kalvarienberg aufzuklären.

Als andere mögliche Fortsetzung im Bereich des Loisachgletschers böte sich die Wessobrunner Moräne an. In ihr sah ja J. KNAUER (1935) die wesentlichen Merkmale seiner „verschleiften W I-Moräne" erfüllt. Inwieweit es sich dabei wirklich um einen überfahrenen Komplex handelt, soll für den Ausschnitt des Arbeitsgebiets näher erörtert werden.

## 8.2 Fortsetzung über Kalvarien- und Schloßberg bei Peiting

### 8.2.1 Der innere Aufbau der sog. „Mittelmoränen"

Die westliche Begrenzung des Peitinger Trockentals bildet ein Höhenzug, der im S beim Kreuzberg (785 m) beginnt und sich fortsetzt über Kalvarienberg (820 m) und Schloßberg (818 m). Die Morphologie (vgl. Bild 6) sowie die in vielen Baugruben zu Tage tretende Überkleidung des östlichen Abhangs mit Geschiebelehm sprechen zunächst für die Annahme, es mit einer Mittelmoräne, die später zur Ufermoräne wurde, zu tun zu haben. Nun hat aber der Lech durch seine Erosionsleistung am Westabfall einen Aufschluß geschaffen, der über den Aufbau Auskunft gibt (vgl. Bild 7 und Abb. 10). Die Lech- oder Ruselhalde[1] — so wird dieser Aufschluß im Volksmund genannt — zeigt auf einer Längserstreckung von 1–2 km die innere Struktur.

Auf einem hohen Tertiärsockel ruht eine mächtige betonartig verfestigte Nagelfluh, die an vielen Stellen wandbildend hervortritt. Die Tertiärschichten machen sich im Gelände in zweierlei Hinsicht bemerkbar. In ihrem Bereich kommt es zu einer merklichen Hangverflachung, und darüber treten vielerorts Quellen zu Tage. Somit kommt dem Sockel die Funktion eines Grundwasserstauers zu.

## Abb. 10 : Schematisches Profil durch Schloßberg und Kalvarienberg bei Peiting

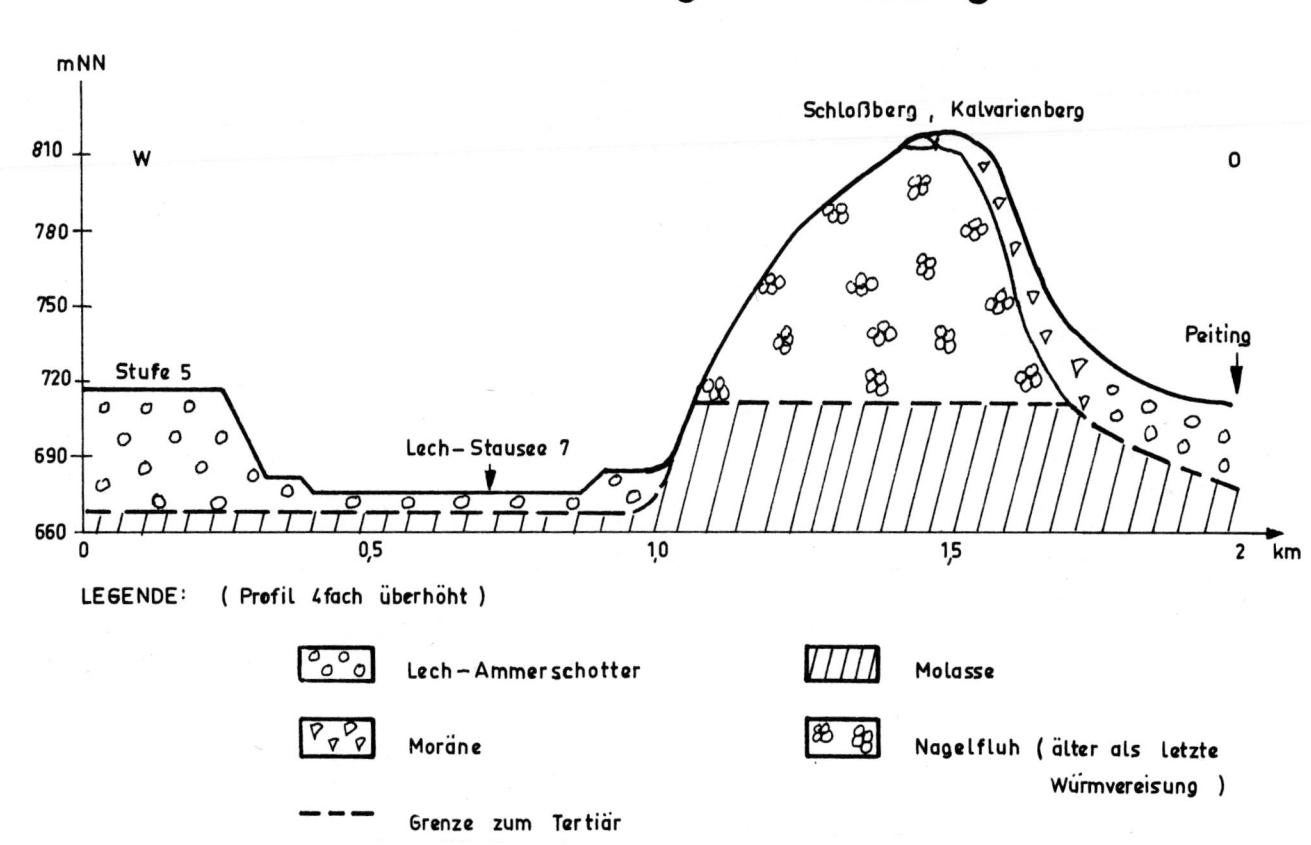

In den Konglomeraten sind gerundete bis stark gerundete Gerölle dominierend. Ihr Anteil beträgt 77 %, kantiges Material ist äußerst selten, kantengerundet waren 23 %. Hinsichtlich der Korngröße muß festgestellt werden, daß sehr große Fragmente über 8 cm Durchmesser relativ selten sind. Die angegebenen Werte erlauben den Schluß, daß es sich um fluvioglaziales Material handelt. Das Schüttungszentrum dieser Schotter muß allerdings verhältnismäßig weit im S zu suchen sein, sonst ließe sich der hohe Grad der Zurundung nicht erklären. Ver-

---
1) siehe Aufschlußverzeichnis

glichen mit den Werten der Peiting-Schongauer Terrasse (Abb. 2) und unter der zusätzlichen Veraussetzung des gleichen Sedimentationsmilieus muß mit einer minimalen Transportstrecke von 25—30 km gerechnet werden.

Über diesen beiden Liegendkomplexen breitet sich nun eine mehrere Meter mächtige Geschiebelehmdecke aus. In Bild 7 ist die Grundmoränendecke ca. 3 m stark. Diese Hangendschicht unterscheidet sich in der Korngröße und Zurundung eindeutig von der Nagelfluh. Das Material ist im wesentlichen unverbacken, besitzt einen hohen Lehmanteil, kantige und kantengerundete Gerölle überwiegen, die mittlere Korngröße ist geringer.

Nach diesem Geländebefund kann gefolgert werden, daß die Konglomeratschicht von einem Gletscher überfahren wurde, der die Geschiebelehmdecke hinterließ. Über das Alter der Nagelfluh läßt sich mit Sicherheit nur aussagen, daß sie älter ist als der erwähnte Gletschervorstoß. Da der Geschiebelehm die Deckschicht bildet, kommt allein der Hauptvorstoß der letzten Vereisung für die Entstehung des Geschiebelehms in Frage. Die Aufschlüsse haben nur noch eine Entfernung von ca. 4 km von den maximalen Endmoränen.

### 8.2.2 Morphogenese

Die Ergebnisse bewiesen, daß wir es beim Kalvarien-Schloßberg-Höhenzug mit einem überfahrenen Komplex zu tun haben. Daraus ergibt sich sofort die Frage, wie gerade an dieser Stelle eine riedelartige Aufragung sich erhalten konnte. Bevor hierauf eine befriedigende Antwort gegeben werden kann, muß noch die Verbreitung der beschriebenen Nagelfluh näher untersucht werden.

Bei den betonartig verfestigten Schottern, die an der Lechhalde anstehen, handelt es sich keineswegs um ein isoliertes Vorkommen innerhalb des Arbeitsgebietes. Einen ähnlichen Aufbau zeigen auch die beiden Höhenzüge beiderseits der Enge von Finsterau. Im W sind dies Berlachberg (798 m) und Liberalswald mit dem Schwalbenstein[1] (774 m), gegenüberliegend auf der Ostseite die Oberoblander Höhe[2] (797 m) und der Pürschwald. Über den Grad der Verbackenheit mag der Hinweis genügen, daß der Schwalbenstein seit langer Zeit als Klettergarten den Bergsteigern zur Verfügung steht. Im Hangenden der Nagelfluh findet man auch in diesen Gebieten Moränenmaterial. Auf dem Berlachberg[3] ist Endmoräne aufgeschlossen, die zeitlich wohl zur Zwischenstufe von St. Ursula gehört (vgl. Kartenbeilage); desgleichen bei Oberobland, wo im September 1970 bei Kanalisationsarbeiten u. a. zwei mehrere Tonnen schwere Findlinge ausgebaggert wurden.

Darüberhinaus ist älteres Material auch noch außerhalb der maximalen Endmoränen erhalten geblieben, obwohl die Schmelzwässer der Hauptwürmvereisung tiefe Täler — heute weitgehend trocken — gegraben haben. C. TROLL hat diese Geländeteile als „Plattenland aus vorwürmzeitlichen Schottern und Moränen" in seiner Skizze gekennzeichnet (1954, S. 295). Exakter wäre es wohl, von Ablagerungen zu sprechen, die vor dem letzten großen Gletschervorstoß (W II) entstanden sind. Inwieweit allerdings die Nagelfluh vom Kalvarienberg und Schloßberg zeitlich mit jenen außerhalb der Maximalrandlage befindlichen Sedimenten übereinstimmt, kann im Rahmen dieser Arbeit nicht untersucht werden.

Bei einem Vergleich der Höhenlage dieser Aufragungen — Schloßberg, Kalvarienberg 820 m, Berlachberg 798 m, Oberobland 797 m — kann man unter der Voraussetzung einer etwa gleich starken Gletschererosion in dem Nagelfluhkomplex die Überreste einer nach N abdachenden vorhauptwürmzeitlichen Schotterplatte sehen. Für diese Annahme spricht auch die starke Zurundung der Schotter, die auf eine beträchtliche Entfernung des Gletschers schließen ließ. Angesichts des sehr großen Unterschieds im Grad der Verbackenheit muß doch zwischen der Ablagerung der Konglomerate und deren Überfahrung ein verhältnismäßig langer Zeitraum angenommen werden. Um hier jedoch genaue Aussagen machen zu können, muß die Aufschlußdichte bedeutend vergrößert werden. Was nun die Frage anbelangt, warum diese Schotter nur an diesem örtlich begrenzten Gebiet erhalten blieben, kann folgendes dargelegt werden: Die erwähnten Höhenzüge verlaufen alle in N-S-Richtung und beginnen direkt an der Stelle, wo die Endmoränen von Lech- und Loisachgletscher zusammenstoßen. Während des Hauptstandes der Vereisung kam es hier zu einer Verbindung beider Gletscher. Allerdings war die Gletschero-

---

1), 2), 3) siehe Aufschlußverzeichnis

sion in der Nähe des äußersten Randes am kürzesten und sicher auch schwächer als in den zentralen Bereichen tätig, so daß derartige Reliefunterschiede sich erhalten konnten. Die riedelartigen Aufragungen, bestehend aus tertiärem Sockel und darüberlagernder Nagelfluh, verdanken ihre Existenz folglich der besonderen Lage an der Nahtstelle zwischen Lech- und Loisachgletscher. Die Eroisionstätigkeit reichte offenbar nicht aus, um diese Riedel vollkommen zu beseitigen.

## 8.3 Fortsetzung über die Wessobrunner Moräne

Nachdem eine Fortsetzung der Tannenberger Phase über Kalvarien- und Schloßberg — wie es C. TROLL und C. RATHJENS versuchten — nicht existiert, galt es, andere Möglichkeiten nachzuprüfen. Aus der ROTHPLETZschen Karte geht hervor, daß im Bereich des Loisachgletschers die Wessobrunner Moräne den ersten Gletscherhalt des Rückzuges repräsentiert. Auch ihre Entfernung zu den äußersten Endmoränenzügen würde recht gut mit dem Abstand zwischen Tannenberger und Hohenfurcher Moräne des Lechgletschers übereinstimmen, wenn man einmal gleiches Rückzugsverhalten voraussetzt. Nun wurde aber gerade diese Wessobrunner Moräne von J. KNAUER (1935) in den Komplex der überfahrenen W I-Moräne eingeordnet. Es ergab sich daher die Aufgabe, innerhalb des Arbeitsgebietes die Argumente KNAUERs nachzuprüfen. C. TROLL (1936) ordnet die Wessobrunner Phase in die Reihe der Rückzugsbildungen ein und parallelisiert sie mit der Böbinger Moräne (vgl. Kapitel 9).

### 8.3.1 KNAUERs „verschleifte Würmmoränen"

Die Anschauung von der Erhaltung überfahrener Endmoränen aus der Zeit des Vorrückens des Eises geht weitgehend auf B. EBERL (1928) zurück. KNAUER hat die Theorie von 1928 an vertreten und in seiner Arbeit von 1935 auf das gesamte nördliche Alpenvorland und Norddeutschland anzuwenden versucht. Welches waren nun die Gründe, die für eine Überfahrung durch einen Vorlandgletscher sprachen?

KNAUER gibt zunächst die ausgeglichene Form, vor allem das Fehlen grubiger Vertiefungen als Kennzeichen an. Weiterhin erwähnt er die vollständige Überdeckung der W I-Moräne mit Geschiebemergel, während die frischen Wallmoränen nur auf der dem Zungenbecken zugewandten Seite Grundmoränenbelag aufweisen; auf dem Kamm und der dem Übergangskegel zugekehrten Seite ist nur sandige Schottermoräne zu finden (1935, S. 9). Bezüglich der Wessobrunner Moräne stellt KNAUER fest, daß die Grundmoränenbedeckung auf dem Kamm und der Außenseite durchgehend erhalten ist.

Als weiteren wesentlichen Bestandteil eines jungglazialen Komplexes führt KNAUER die Existenz des fluvioglazialen Schotters (Sander) an, der sich mittels eines Übergangskegels an die Wallmoränen anschließt bzw. an diesen wurzelt (1935, S. 11). Während er bei den maximalen Endmoränen des Loisachgletschers derartige Sander bis zu 13 km weit (Vilgertshofen–Penzinger Schotterstrang) verfolgen kann, fehlen derartige Aufschüttungen bei der Wessobrunner Moräne. Er unterstreicht dieses Argument noch durch die Bemerkung, daß gerade wegen der mächtigen Ausbildung der Wessobrunner Moräne (bis zu 40 m Höhe) ein längerer Gletscherhalt angenommen werden muß. Das Fehlen von trompetentalartigen Durchbrüchen durch die äußersten Moränen schließt seine Beweiskette.

Im folgenden sollen nun diese Aspekte für den Bereich des Arbeitsgebietes einer kritischen Würdigung unterzogen werden. Insbesondere soll dabei die Frage untersucht werden, ob die Formen und der innere Aufbau der betreffenden Endmoränen nur die von J. KNAUER angegebene Deutung zulassen.

### 8.3.2 Die Situation westlich des Lechs

Westlich des Lechs beginnt die W I-Moräne KNAUERs bei einem Hügel unmittelbar an der B 17, setzt dann am Schloßberg von Altenstadt wieder ein, um bogenförmig über Schwabsoien und Erbenschwang das Arbeitsgebiet zu verlassen. Dieser Verlauf wird in seiner Skizze (1937) wiedergegeben.

Wie sieht nun der morphologische Befund im Gelände aus? Das Gebiet zwischen den maximalen Endmoränen nördlich von Hohenfurch und der Tannenberger Randlage ist übersät mit einer Vielzahl von Kuppen, deren Aneinanderreihung zu einem Wall nur schwer möglich ist. Am besten gibt die Karte von L. SIMON (1926) die Situation wieder. Daraus ersieht man auch, daß die Längsachse dieser Hügel zum Großteil nordsüdlich verläuft, also in der Ausbreitungsrichtung des Lechgletschers. Mit Ausnahme des Altenstadter Schloßberges handelt es sich um relativ niedrige Kuppen, deren Höhenunterschiede zum umliegenden Gelände kaum einmal 10–15 m übersteigen. J. KNAUER selbst bezeichnet das im N anschließende Gelände als kuppige Grundmoränenlandschaft. Damit wäre auch das gesamte Gebiet zwischen Altenstadt und Schwabbruck am trefflichsten charakterisiert, falls die innere Struktur dieser Hügel übereinstimmt. Jedenfalls kann in keiner Weise von einem durchgehenden Moränenzug gesprochen werden. Vor allem die N-S-streichenden Rücken können als drumlinoid bezeichnet werden. Gute Beispiele lassen sich beiderseits der Straße Altenstadt–Schwabbruck, zwischen P. 748 und P. 740, angeben.

Über den inneren Aufbau vermögen zwei Aufschlüsse Auskunft zu geben. Ihre Lage kann wie folgt beschrieben werden:
a) Aufschluß Gabelung Schwabbruck, Blatt 8131 Schongau (R 14350 H 99900)
b) Kiesgrube Schwabbruck, Blatt 8131 Schongau (R 12950 H 99700)
In Aufschluß a) stehen gut geschichtete Schotter an, die muldenförmig gebogen und schräg gestellt sind. Die Zurundung des Materials (27 % kantig, 41 % kantengerundet, 25 % gerundet und 7 % stark gerundet) läßt auf fluvioglaziale Schüttung schließen. Dieser Liegendkomplex wird diskordant von einer etwa 40 cm mächtigen Moränenschicht überlagert. Die Moräne zeichnet sich durch einen hohen Lehmanteil und reichlich gekritzte Geschiebe aus. In Aufschluß b) ist ebenfalls der erwähnte Moränenschleier zu finden, allerdings folgen darunter waagrecht verlaufende Schotterschichten ohne jegliche Störung. Der Zurundungsgrad dieser Schotter ist höher, kantiges Material überaus selten.

Für die Genese ergibt sich daraus, daß beide Komplexe zweifellos überfahren wurden. Die Ablagerung der Grundmoräne ist ein eindeutiger Beweisfaktor. Ferner spricht auch die drumlinoide Umgestaltung dafür. Darunter folgt nun nicht, wie von KNAUER behauptet wird, Endmoränenmaterial sondern Schotterpakete, die im ersten Fall als zu einer Eisrandterrasse gehörig betrachtet werden können, im zweiten Fall dagegen als Vorstoßschotter des anrückenden Lechgletschers. Jedenfalls ist die Annahme eines verschliffenen Endmoränenwalls sowohl von der Morphologie als auch von der inneren Struktur her abzulehnen.

### 8.3.3 Die Moränen zwischen Peiting und Hohenpeißenberg

Auf der Ostseite des Lechs verläuft die W I-Moräne nach KNAUER zunächst um den Südfuß des Kalvarienberges, dem Kreuzberg. Die weitere Fortsetzung bis zum Bühlach wurde durch die Schmelzwässer der Urammer zerstört. Schließlich kann man sie über Winterleiten (800 m), Klausen, Schendrich bis zur Südflanke des Hohenpeißenbergs verfolgen, wo sie sich beim Ortsteil Brandach am Abhang verliert. Es sei daraufhingewiesen, daß derselbe Moränenwall bei C. TROLL (1925) als Rückzugsmoräne der Würmvereisung eingezeichnet ist.

Über die Stellung des südlichen Kalvarienbergs wurde bereits in Abschnitt 8.2.1 berichtet. Der innere Aufbau läßt auf keinen Fall eine Deutung im Sinne des überfahrenen Endmoränenwalls zu.

Eine Einordnung der Moräne zwischen Peiting und Hohenpeißenberg wird durch einen Höhenvergleich mit anderen Endmoränen innerhalb des Arbeitsgebietes wesentlich erleichtert. Die Randlage der Tannenberger Phase des Lechgletschers erreichte westlich Kurzenried noch eine Höhe von 804 m, ehe sie durch das Kellershofer Trockental unterbrochen wird. Die gleichaltrige Schmauzenberg Moräne des Loisachgletschers verliert sich in ca. 820–830 m am östlichen Abhang des Schnaidbergs. Aus diesem Grund wäre eine Fortsetzung über Winterleiten (800 m) denkbar. Weiterhin ließe sich anführen, daß das Höhenlinienbild nördlich von Ramsau den Durchzug einer ehemaligen Randlage verrät [1], die den Schmelzwässern größtenteils zum Opfer gefallen ist. Allerdings muß hierfür erst noch der exakte Nachweis in Form eines Aufschlußbefundes erbracht werden. Für den

---

[1] Nach freundlicher Mitteilung von Prof. Dr. I. Schaefer, Regensburg

ostwärts angrenzenden Höhenzug Hohenbrand—Klausen ergeben sich Höhenwerte zwischen 765 und 780 m. Auch im Ortsteil Brandach reicht die Moräne bis knapp unter 800 m. Angesichts der relativ guten höhenmäßigen Übereinstimmung kann im folgenden von der These ausgegangen werden, daß hier wirklich die Fortsetzung der Schmauzenberg Moräne vorliegt.

Für den strengen Beweis müssen nun weitere Argumente gesammelt werden. Einen Einblick in die Materialzusammensetzung gewähren zwei tiefe Baugrubenaufschlüsse ( a) Blatt 8131 Schongau R 25000 H 96350 und b) Blatt 8231 Uffing R 25950 H 95450). Beide wurden während des Jahres 1972 geöffnet. Auffallend war in erster Linie die große Anzahl von Blöcken (Mindestdurchmesser 50 cm). Innerhalb einer Profilwandfläche von ca. 25 m², wurden 19 bzw. 25 Exemplare gezählt, wobei die größten einen Durchmesser von mehr als 1 m aufweisen. Diese Blöcke sind in einem braunen Lehmhorizont eingebettet. Außer der rezenten obersten Verwitterungsschicht läßt das 5 m tiefe Profil keine Veränderung oder Schichtdiskordanz erkennen.

Letzteres müßte aber doch gefordert werden, denn nach J. KNAUER (1937, S. 13) ist dieses Moränenstück mit Grundmoräne überkleidet. Angesichts des Blockreichtums fällt es schwer, von Grundmoräne zu sprechen, noch dazu in einer Mächtigkeit von 5 m. Zur Erinnerung sei daraufhingewiesen, daß der überfahrene Komplex aus dem Lechgletschergebiet in ähnlicher Lage zu den maximalen Endmoränen nur 40 cm Grundmoräne trug. Die Geröllauszählungen ergaben ca. 4 % Kristallin; damit gehört diese Moräne eindeutig in den Bereich des Loisachgletschers.

Ein weiteres wesentliches Merkmal für die Überfahrung ist nach KNAUER das Fehlen grubiger Vertiefungen. Wenn auch auf der Höhe der Winterleiten nur verhältnismäßig kleine geschlossene Hohlformen vorhanden sind, so gibt doch das Höhenlinienbild des westlich und nordöstlich angrenzenden Gebiet in etwa den unruhigen Formenschatz wieder. Das angegebene Gelände braucht hinsichtlich der Bewegtheit des Reliefs keinen Vergleich zu scheuen mit einem Teil der maximalen Endmoränenlandschaft (vgl. z. B. nördlich von Hohenfurch „Auf den Gruben"). Darüberhinaus ist noch etwas anderes zu bedenken: Wäre die kesselige Oberfläche ein unbedingtes Erfordernis, um Moränen als nicht überfahren beurteilen zu können, so gäbe es innerhalb des äußeren Dreifachkranzes keine frischen Rückzugsmoränen mehr. Dies trifft besonders auf die Moränen des Lechgletschers zu, aber auch auf den Weilheimer Gletscherhalt (vgl. Kapitel 9).

Schließlich noch ein Wort zu dem berühmten Moränenaufschluß bei Brandach. Dies war gerade die Schlüsselstelle für die Beweisführung KNAUERs. Aus dem Vorhandensein einer 10 cm mächtigen entkalkten Verwitterungsrinde unter lettiger Grundmoräne schloß er ja, daß der W I-Vorstoß eine eigenständige Vereisung war. In Anbetracht der Wichtigkeit dieses Aufschlusses nimmt es Wunder, daß KNAUER nicht die genaue Lage mitteilt. Trotz zahlreicher Geländebegehungen konnte dieser Aufschluß nicht mehr gefunden werden. Auch in allen anderen Baugruben und Aufschlußstellen war von einer rostbraunen Verwitterungsrinde nichts zu sehen.

Zusammenfassend kann festgestellt werden, daß sich die Moränen zwischen Peiting und Hohenpeißenberg in Morphologie, Höhenlage und Materialzusammensetzung von den sog. „verschleiften W I-Moränen" um Altenstadt eindeutig unterscheiden. Der Geländebefund spricht dafür, daß es sich um einen Rückzugswall handelt, der die Fortsetzung der Schmauzenberg Moräne bildet.

### 8.3.4 Die eigentliche Wessobrunner Moräne

Als Wessobrunner Moräne im engeren Sinn wird der teilweise gedoppelte Wall bezeichnet, der vom NE-Abhang des Hohenpeißenbergs in nördlicher Richtung bis Wessobrunn verläuft und über Haid und Schellschwang das Arbeitsgebiet verläßt. TROLL hat im Gegensatz zu KNAUER diese Moräne dem Eisrückzug zugeschrieben. Er ordnete sie altersmäßig der Böbinger Moräne zu.

Im Gegensatz zu den drumlinoiden Formen westlich des Lechs tritt uns im Bereich des Wessobrunner Höhenrückens eine ganz andere Morphologie entgegen. Es sind massige Moränenhügel (vgl. Bild 8), deren relativer Höhenunterschied bis zu 40 m beträgt. Desgleichen stimmen auch die absoluten Höhen – 790 m am Nordabhang des Hohenpeißenbergs, 740 m bei Schellschwang – überhaupt nicht mit jenen um Altenstadt überein.

Rein äußerlich machen diese Moränen einen keineswegs überfahrenen Eindruck. Es gibt eine Reihe von Merkmalen, die für eine Einordnung in die jungglazialen Rückzugsbewegungen sprechen.

Zunächst seien die Aufschlüsse innerhalb des Arbeitsgebietes näher analysiert:

    a) Aufschluß Puitlgraf        (R 25450, H 02000) [1]
    b) Aufschluß Schlittbach     (R 26825, H 02500)
    c) Aufschluß Bichl          (R 26750, H 02000)
    d) Aufschluß Linden        (R 27300, H 00900)
    e) Aufschluß Rohrmoos     (R 27400, H 00500)

Blockreiches Endmoränenmaterial steht in den Baugruben a) und c) an. Zahlreiche gekritzte Geschiebe sowie ein relativ hoher Kristallingehalt weisen es eindeutig als Ablagerung des Loisachgletschers aus. Die rezente Verwitterungsschicht bildet das Hangende des Profils; von einer diskordant darüberlagernden Grundmoränenschicht, wie sie von KNAUER immer wieder angegeben wird, war nichts zu sehen.

Bezeichnenderweise wurde die Kiesgrube Schlittbach (b) am Außenrand der Moräne angelegt. Nach mündlicher Mitteilung des Besitzers hat es keinen Sinn, auf der anderen Seite der Moränen Gruben zu öffnen, da dort der Lehmanteil viel zu hoch ist. Ähnliches wurde auch von anderen Bewohnern der Gegend bestätigt. In dem Aufschluß selbst stehen moränennahe Schotter an, wobei eine Schichtung nur zum Teil auszumachen ist. Ein eindeutiges Maximum liegt bei den kantengerundeten Geröllen. Für die Nähe des Schüttungszentrums spricht auch der vorhandene Lehmanteil. Interessant war auch die Bemerkung des Besitzers, daß in dem nördlich angrenzenden Moorgelände unter dieser dünnen Torfschicht besserer Kies ansteht, als ihn die Bauern am Vorderhang vorfinden können. Auch in diesem Aufschluß fehlt die Geschiebemergeldecke.

Schließlich seien noch die Verhältnisse im Aufschluß Linden (d) und Kiesgrube Rohrmoos (e) geschildert. Der Befund muß auch hier lauten: moränennaher Schotter, der bei e) in einer Mächtigkeit von 5 m sichtbar wird. Die Schichtung ist nicht sehr gut ausgebildet, gekritzte Geschiebe sind kaum zu finden, die Zurundungsmessungen lassen ein Maximum im Bereich der kantengerundeten Gerölle erkennen.

Zusammenfassend ergibt sich, daß in den wichtigsten fünf, aber auch in allen anderen, aus Platzgründen nicht aufgeführten Aufschlüssen nichts von einer diskordant darüberlagernden Grundmoränendecke zu finden ist. Das vorgefundene Material stammt aus der Endmoräne bzw. wurde nicht sehr weit davon entfernt abgelagert.

Bezüglich des Fehlens von Sander, einem weiteren wichtigen Erkennungsmerkmal der W I-Moräne, können folgende Beobachtungen erbracht werden: Zunächst ist richtig, daß innerhalb des Arbeitsgebietes breite schottererfüllte Trockentäler fehlen, wie sie von den äußeren Endmoränen zum Lech führen. Trotzdem wurzeln an der Wessobrunner Moräne eine Reihe von Schmelzwasserrinnen, die sich auch im Vorland noch einige Kilometer verfolgen lassen. Solche Rinnen beginnen zum Beispiel bei Krönau am Nordabhang des Hohenpeißenbergs, an dem Moränenwall östlich von Holzlehen, zwischen Grabhof und Mandlhof westlich St. Leonhard, zwischen Grabhof und Reiserlehen, bei Schlittbach sowie nördlich von Schellschwang. Die meisten dieser Tälchen setzen sich bis zur Wessobrunner Moräne fort und verzahnen sich über einen Übergangskegel mit den Wällen. Die Rinne von Bichl–Reiserlehen zieht trompetentalartig durch die äußeren Wälle hindurch. Ihr Anfang liegt verhältnismäßig hoch bei 770 m. Gerade die morphologisch hervortretende Verzahnung jener Rinnen mit der Wessobrunner Moräne ist von entscheidender Bedeutung. Ansonsten könnte leicht der Einwand gebracht werden, daß sie Produkte der jungglazialen Zertalung sind, angelegt im Gebiet der verschliffenen W I-Moränen.

Das wohl am besten erhaltene Tal verläßt bei Puitlgraf die Moränenregion (vgl. Bild 9) und ist bis unterhalb Kronholz in seinem mäandrierenden Verlauf verfolgbar. Daß sich eine derartige Oberflächenform bei der Überfahrung durch einen Vorlandgletscher erhalten hat, kann kaum angenommen werden. Inwieweit der Wielenbach bereits damals als Sammelader der Schmelzwässer diente, läßt sich nicht klären. Dafür spricht die breite Talanlage südlich der Gemeinde Birkland.

---

[1] Sämtliche Aufschlüsse liegen im Bereich des Blattes 8132 Weilheim

Die Schmelzwässer, die durch die Schlittbacher Rinne nach W abflossen, wurden in der Gegend des Langen Filzes zu einem See gestaut, der heute bis auf einen kleinen Rest verlandet ist. Am Überlauf dieses Stausees wurden die maximalen Endmoränen südlich P. 721 durchbrochen. Dieses Durchbruchstal liegt heute trocken. Sein Niveau mündet über der Klaftmühle bei 687 m. Das ist auch die Höhenlage des Ansatzpunktes der Altenstädter Terrasse (Stufe 3), die hier in einem schmalen Streifen wieder in Erscheinung tritt. Daraus folgt jedenfalls, daß der Abfluß dieses Sees zu einer Zeit intakt war, als der Lech die Stufe 3 schuf, also während der Tannenberger Phase. Erst zu einer späteren Zeit erfolgte der Abfluß dieses Sees nach N über den Engelsrieder See etwa in Richtung des heutigen Rottbaches. Bezüglich der zeitlichen Einordnung der Wessobrunner Moräne ergibt der Niveauvergleich, daß diese mindestens so alt ist wie die Tannenberger Moräne, denn auch für das Durchbrechen des äußeren Walles muß eine Zeitspanne angesetzt werden.

Direkt an der Mündungsstelle des ehemaligen Seeüberlaufes liegt auch der von J. KNAUER (1935, S. 19) beschriebene Aufschluß Klaftmühle. In dieser großangelegten Kiesgrube stehen geschichtete, zum Teil sandige Schotter an, die einen hohen Zurundungsgrad aufweisen. Diese werden überlagert von ca. 1 m mächtigen Moränenmaterial. Die Grenzfläche hebt sich im Profil deutlich hervor. KNAUER erblickt auch in diesen Schottern Reste des W I-Stadiums. Die viel näher liegende Möglichkeit, daß es sich um Vorstoßschotter der vorrückenden Lech- und Loisachgletscher während der W II-Vereisung handeln könnte, wurde von ihm nicht diskutiert. Eine ähnliche Erklärung ergab sich auch für die Liegendschotter in dem Aufschluß bei Schwabbruck.

Insgesamt lassen sich somit im Gelände eine ganze Reihe von Merkmalen finden, die für die Annahme sprechen, daß es sich bei der Wessobrunner Moräne um eine spätglaziale Rückzugsbildung handelt. Andererseits sind zwar Beispiele überfahrener Komplexe vorhanden (Klaftmühle, Altenstadt), die jedoch im Zusammenhang mit weiteren Ergebnissen eine ganz andere Deutung erfahren. Schließlich zeigen auch die Höhenverhältnisse, daß sich die Verknüpfung der Wessobrunner Moräne mit dem Moränenzug zwischen Hohenpeißenberg–Peiting und weiter zum Schmauzenberg sinnvoll in den Rückzugsablauf des Loisachgletschers einordnet. Die Gleichaltrigkeit der Wessobrunner mit der Tannenberger Moräne kann daher als erwiesen gelten, sofern die eigenartige Entwässerung am Außenrand der Wessobrunner Moräne eine stichhaltige Erklärung findet.

## 8.4 Die Entwässerung während der Tannenberg-Wessobrunner Randlage

Im Bereich des Lechgletschers fällt sofort das weite Schotterfeld auf, welches südwestlich von Schongau in breiter Front an der Tannenberger Moräne wurzelt. Auch östlich des Lechs blieb noch ein größerer Rest erhalten. Diese Schotterflur verjüngt sich nach N und zieht sich nordöstlich von Hohenfurch als schmaler Streifen durch die maximalen Endmoränen hindurch. Nach der Durchbruchsstelle weitet sich das ehemalige Lechtal der Stufe 3 wieder trompetentalähnlich.

Nach einer solchen breiten Terrasse sucht man im Bereich der gleichaltrigen Wessobrunner Moräne vergeblich. Mit Ausnahme der im vorherigen Abschnitt beschriebenen Schmelzwasserrinnen fehlen Anzeichen für eine nach außen gerichtete Entwässerung. Hier muß natürlich betont werden, daß es im südlichen Gletschergebiet sehr wohl eine derartige Entwässerung über den Illachgraben und seine Fortsetzung gab (vgl. 7.3). Bezüglich der Situation im nördlichen Zungenbereich des Loisachgletschers muß man sich die besondere Lage der Wessobrunner Moräne vergegenwärtigen. Sie verläuft innerhalb des Arbeitsgebietes auf dem Rand des Ammerseebeckens. Unmittelbar östlich der Linie Hohenpeißenberg–Wessobrunn bricht das Gelände steil mit einem Höhenunterschied bis zu 150 m zum Zungenbecken des Loisachgletschers hin ab. Entlang dieses Steilabfalls tritt an vielen Stellen der tertiäre Untergrund zutage, ein Beweis für die Wirksamkeit der Gletschererosion.

Auch der benachbarte Lechgletscher besaß ein Zungenbecken, darauf hat schon R. GERMAN (1962) hingewiesen. Allerdings ist dieses anders geartet. Wenn man auf den äußeren Jungendmoränen nördlich Hohenfurch steht, kann man in Richtung S die flache, schüsselartige Vertiefung begrenzt von dem Halbrund der Moränen beobachten. Die Eintiefung – ca. 50 m, nur stellenweise 80 m – liegt beträchtlich unter dem Wert beim Loisachgletscher. Weiterhin wird der Rand des Lechgletscherbeckens durch moränale Ablagerungen gebildet, während das Ammerseebecken in der Molasse ausgeschürft wurde. Schließlich sei noch auf den für unsere Fragestellung der Entwässerung wichtigsten Unterschied hingewiesen: Das Zungenbecken des Lechgletschers beherbergte keinen Eisstausee wie etwa das Ammersee- oder Würmseebecken. Lediglich die Stammfurche des Lechvorlandgletschers südlich Lechbruck (R. GERMAN 1962, S. 75) war seenerfüllt. Beim Rückzug des Lechgletschers war es den Schmelzwässern relativ leicht möglich, die Endmoränen zu durchbrechen, denn bereits die Zwischenstufe von St. Ursula (Stufe 2) läßt sich an der Durchbruchstelle verfolgen. Dort allerdings, wo härteres Gestein sich in den Weg stellte, wurde den Schmelzwässern für längere Zeit der Weg versperrt. Beim Peitinger Schmelzwassersee (vgl. 7.2.4) waren es die aus Tertiär und prähauptwürmglazialen Nagelfluhbänken aufgebauten Riedel des Liberalswalds und der Oberoblander Höhe. So erklärt die besondere Gestaltung des Zungenbeckens des Lechgletschers die breit ausladende Altenstädter Terrasse. Der zugehörige Tannenberger Moränenzug liegt bereits innerhalb des Beckens.

Zur Zeit der Wessobrunner Moräne hatte sich das Eis nun so weit zurückgezogen, daß gerade noch das in die Molasse eingetiefte Becken eiserfüllt war. Damit liegt hier dieselbe Situation vor, wie sie von E. EBERS (1955) aus dem Gebiet des Salzachgletschers beschrieben wurde. Dort liegen die Moränen der Lanzinger Phase — gleichfalls der erste Gletscherhalt seit dem Rückzug von den äußeren Moränen — auch auf einem älteren Beckenrand. Es fehlen ebenso alle für eine zentrifugale Entwässerung charakteristischen Merkmale wie Sander, Trompetentälchen usw. Mit dieser Phase beginnt nach E. EBERS (1955) die große Seenzeit des nördlichen Alpenvorlandes. Die Schmelzwässer ziehen dabei peripher am Eisrand entlang zu einer Hauptsammelader hin und beginnen, das Ampertal anzulegen. K. GRIPP (1940) ist der Ansicht, daß die zentripetale Umkehr der Hydrographie im Alpenvorland subglazial schon während der Ölkofener Phase einsetzt[1]. „Je weiter die Zusammenfassung der subglazialen Wasser vorgeschritten sein wird, um so seltener werden die Nebenüberläufe in Tätigkeit treten" (S. 20). Endpunkt einer solchen Entwicklung ist dann die Ausbildung eines einzigen Abflusses. Für den Bereich der Wessobrunner Moräne bedeutet dies, daß anfänglich noch geringe Mengen an Schmelzwasser zentrifugal abflossen und dabei die Rinnen hervorriefen. Danach gelangten die Wässer immer mehr längs des Innenrandes oder auch subglazial zum Zungenende, um sich dort zu einer Sammelader zu vereinigen. So ergibt sich also auch aus dem Vergleich mit den Verhältnissen in anderen Gletschergebieten, daß es sich bei der Wessobrunner Moräne um eine jungglaziale Rückzugsbildung handelt. Das Fehlen der Sander resultiert aus der Umkehr der Entwässerungsrichtung, die nunmehr zentripetal zum Ammerseebecken hin gerichtet ist. Daß die Schmelzwässer des Lechgletschers während der Tannenberger Phase und auch noch bei den nachfolgenden Rückzugsbewegungen (vgl. Karte) breite Schotterfluren schütten, liegt an der völlig andersartigen morphologischen Struktur des Stammbeckens.

---

[1] Innerhalb der einzelnen Gletschergebiete muß mit einer zeitlichen Verschiebung des Umkehrvorganges gerechnet werden (vgl. 5.2.4 bzw. 11.2.2 sowie H GRAUL, 1957).

# 9. Die Weilheimer Moräne und ihre altersmäßige Einordnung

## 9.1 Spezielle Zielsetzung

Nach der Ablehnung des PENCK-BRÜCKNERSCHEN Bühl-Vorstoßes für das Gebiet zwischen Weilheim und Murnau befaßte sich A. ROTHPLETZ (1917) als erster mit der Eberfinger Moräne und sah in ihr eine Rückzugserscheinung des Loisachgletschers. Er bezeichnete sie als Weilheimer Moräne entsprechend ihrer Lage im südlichen Zungenbecken (vgl. Karte). Weiterhin berichtet ROTHPLETZ über das Vorhandensein eines Endmoränenzuges am Südende des ehemaligen Wolfratshauser- und Würmsees, der Nantesbucher Moräne. Diese hält er für gleichaltrig mit der Weilheimer Rückzugsmoräne.

C. TROLL (1924) beschrieb aus dem Bereich des Inn-Chiemsee-Gletschers eine Stadialmoräne, die von Riedering über Stephanskirchen nach Höhensteig verläuft (vgl. die TROLLsche Karte des diluvialen Inn-Chiemsee-Gletschers). In diesem Stephanskirchner Stadium sah C. TROLL (1925) nun etwas Gleichwertiges zur Weilheimer Moräne und faßte die Moränen von Weilheim, Antdorf, Nantesbuch, Tölz und Stephanskirchen zu einem neuen Stadium zusammen, das er „Ammersee-Stadium" nannte und als Würm α vor die jüngeren Rückzugsstadien Bühl, Gschnitz und Daun (β, γ und δ) stellte.

Gegen die Existenz dieses Rückzugsstadiums wandte sich schließlich J. KNAUER (1944), der in einer früheren Arbeit die Weilheimer Moräne noch in seiner Kartenskizze (1936) ausgewiesen hat. Seiner Meinung nach handelt es sich bei dem im Arbeitsgebiet verlaufenden Höhenzug zwischen Waizacker und Peißenberg lediglich um einen Bestandteil der Grundmoränenlandschaft. Entscheidend für unsere Beweisführung ist die Auffassung J. KNAUERs: „Wenn man von den Ablagerungen eines eiszeitlichen Stadiums spricht, so hat man darunter wohl das Vorhandensein eines deutlich ausgebildeten glazialen Ablagerungskomplexes einer zeitweilig stationär gewordenen Gletscherzunge zu verstehen... Das Grundsätzliche ist das Vorhandensein von glazialen und fluvioglazialen Gebilden, welche durch einen im wesentlich klimatisch bedingten Vorgang an einer bestimmten Stelle abgelagert wurden" (1944, S. 178). Konsequenterweise lehnt er demnach auch die Existenz einer Schotterflur ab, die sich mit der Weilheimer Moräne verzahnt. Die Entstehung des Zellseer Trockentals bleibt ungeklärt. Daß es in seiner Erstreckung mit zahlreichen Mooren erfüllt ist, sieht er als Beweis dafür an, daß keine Schotterflur durchzieht.

Angesichts dieser Behauptungen lag es natürlich nahe, einmal nachzuprüfen, ob und in welcher Weise nördlich von Peißenberg ein solcher glazialer Ablagerungskomplex ausgebildet wurde. Insbesondere mußte dabei die Entstehung jenes Trockentales geklärt werden. Die Untersuchungen versprachen darüberhinaus noch gewisse Erkenntnisse bezüglich der Lage des Eisrandes nach der Eisfreiwerdung des Ammerseebeckens, so daß mit Hilfe der Ergebnisse der Ammerumlenkung (vgl. 5.4) ein altersmäßiger Vergleich bestimmter Moränen aus dem Ammer- und Loisachgletschergebiet möglich erschien.

## 9.2 Zur Frage der Existenz der Weilheimer Moräne

### 9.2.1 Morphologie und Aufbau der Moräne

Westlich von Weilheim erstreckt sich zwischen Peißenberg und Raisting eine etwa 10 km lange und 2,5 km breite terrassenförmige Hochfläche, die von ausgedehnten Torfmösern bedeckt ist. Wie die geologischen Aufnahmen J. KNAUERs ergaben, besteht diese Hochfläche aus einem hohen Tertiärsockel, über welchem Grundmoräne in erheblicher Mächtigkeit abgelagert wurde. Am Ostabhang steht nirgends das Tertiär an, hier ist ausschließlich würmeiszeitliche Grundmoräne vorhanden. Diese Hochfläche wird durch das Zellseer Trockental (vgl. Karte) vom eigentlichen Steilrand des Zungenbeckens des Loisachgletschers abgetrennt. Das Tal selbst ist größtenteils vermoort; den Nordteil entwässert der Rottbach, den Südteil der Fendter Bach. Auffällig ist die relativ große Talbreite (bis zu 800 m bei Paterzell), die sich mit der heutigen bescheidenen Entwässerung nicht begründen läßt.

Auf der Hochfläche hebt sich ein geschlossener Höhenzug ab, der beim Gut Waizacker (1 km westlich von Weilheim) beginnt und dann in südwestlicher Richtung über Hungerwies, Grasla, P. 611 und Haltepunkt Peißenberg-Nord bis fast zur Ortsmitte von Peißenberg verläuft. In der geschummerten Topographischen Karte 1:50000 (Blatt Weilheim) ist dieser Höhenzug deutlich erkennbar. Etwa 1,5 km nördlich der Wallregion läßt sich nun ein zweiter nahezu parallel sich hinziehender, geschlossener Höhenzug verfolgen, der seinen Anfang nördlich von Tankenrain nimmt und sich dann über die Punkte 618, 624, 615 und 616 bis zum Zellseer Trockental nachzeichnen läßt. Besonders hervortretend im Gelände ist die Wallform im Ortsbereich von Tankenrain, wo die Straße Wessobrunn–Weilheim den Höhenrücken serpentinenartig schneidet. Dieser auffällige morphologische Befund wird allerdings von J. KNAUER abgelehnt. Desgleichen behauptet er, daß jener Rücken ebenfalls mit Grundmoräne überdeckt und flachwellig überformt wurde.

Im Frühjahr 1972 wurden nun im nördlichen Ortsteil von Peißenberg (Blatt 8132 Weilheim, R 30400 H 96825) umfangreiche Bauerschließungsmaßnahmen begonnen, die einen vorzüglichen Einblick in die Struktur der „Weilheimer Moräne" gestatteten. Die Aufschlüsse zeigten ausnahmslos typisches Endmoränenmaterial des Loisachgletschers: hoher Kristallinanteil (4,1 %), auffälliger Blockreichtum mit Durchmessern bis zu 2 m, zahlreiche gekritzte Geschiebe, keine Sortierung, Maximum an kantigen Geröllen. Innerhalb der Profile war keinerlei Schichtwechsel erkennbar, nirgends fanden sich Spuren einer Überdeckung mit Grundmoräne.

Die Geländebefunde ergeben somit in eindeutiger Weise, daß es sich bei der Weilheimer Moräne tatsächlich um eine Endmoräne handelt, die dem Loisachgletscher zugeschrieben werden muß. Über die Fortsetzung am östlichen Rand des Zungenbeckens (bei Eberfing) müssen jedoch eigene Untersuchungen angestellt werden, da sie für die Fragestellung dieser Arbeit ohne Bedeutung war.

Schließlich muß noch erwähnt werden, daß sich beide Moränenzüge nur bis zum Ostrand der Hochfläche verfolgen lassen. In dem sich anschließenden Verlandungsgebiet des ehemaligen Ammersees fehlen derartige moränale Ablagerungen an der heutigen Oberfläche. Dies kann entweder darauf zurückgeführt werden, daß in dem Eisstausee vor der Gletscherstirn keine Moränen ausgebildet wurden, oder die limnischen Sedimente wurden in einer solchen Mächtigkeit abgelagert, daß vorhandene Endmoränen einfach überdeckt wurden.

### 9.2.2 Das Zellseer Trockental

Dieses heute trockenliegende Tal beginnt nördlich von Peißenberg und mündete einst in etwa 545 m NN bei Raisting in das inzwischen verlandete Ammerseebecken. Es wird im W durch den Steilrand des Zungenbeckens, im E durch die beschriebene Hochfläche begrenzt. Entscheidend ist nun, daß dieses Tal an der Weilheimer Moräne wurzelt. Die Straße von Paterzell nach Peißenberg verläuft im nördlichen Ortsbereich fast genau in der Gefällsrichtung des Übergangskegels. Dieser läßt sich auch von der Bahnlinie aus (Haltepunkt Peißenberg-Nord) einwandfrei ausmachen. Leider existieren in diesem Gebiet keine Aufschlüsse, so daß man auf den morphologischen Befund angewiesen ist. J. KNAUER (1944) lehnt das Vorhandensein einer an der Moräne wurzelnden Schotterflur mit der Bemerkung ab, daß dann das Zellseer Tal schottererfüllt sein müßte. Stattdessen fand er auf der ganzen Erstreckung nur Hoch- und Niedermoore. Daß die Schotterflur von Mooren überdeckt sein könnte, hat KNAUER nicht erwogen. Die Verhältnisse werden klarer, wenn man bedenkt, daß der Rand des Zungenbeckens von zahlreichen Bächen zerschnitten wird. Allein zwischen Peißenberg und Paterzell sind es ca. 15 solcher Wasserrinnen, die nur zu einem kleinen Teil zur Ammer hin entwässern. Der überwiegende Teil gelangt auf den Talboden, wo sich das Wasser in viele Gräben verzweigt und so zu einer verhältnismäßig starken Anhebung des Grundwasserspiegels führt. Die Folge war zwangsläufig eine intensive Vermoorung des Geländes. Der Mensch hat sich den hohen Grundwasserstand zu Nutze gemacht und den Zellsee zur Fischzucht aufgestaut.

Die Anlage des Tales geht vermutlich nicht erst auf die Weilheimer Phase zurück, sondern bereits auf eine frühere Randlage. Zu dieser Annahme kommt man angesichts der Tatsache, daß im Talabschnitt Paterzell–Stahlwald eine höhere Terrasse sich in Resten erhalten hat (vgl. Bild 10). Der Terrassenrand ist infolge der jungen Erosion auffällig zerlappt. Die besondere Lage am Ausgang des Schlittbach-Tals sowie die relativ stark nach E geneigte Oberfläche (etwa 1°) der Terrassenreste beweisen, daß es sich um die Überreste eines Schwemmkegels handelt, der nach dem Eisrückzug aus diesem Gebiet vom Zungenbeckenrand des Loisachgletschers in das Zellseer Tal vorgebaut wurde. Das Niveau, auf dem dieser Schwemmkegel endete, ist nicht mehr erhalten, es fiel weitgehend den Schmelzwässern der Weilheimer Phase zum Opfer. Den Gefällsverhältnissen nach zu urteilen, lag dieses Niveau wohl einige Meter über der heutigen Oberfläche. Auch die relativ große Breite des Tales führt zu der Auffassung, daß es schon vor der Weilheimer Rückzugsphase als periphere Abflußrinne benutzt wurde. Tatsächlich ist die Durchbruchsstelle des Zellseer Tales durch die Tankenrain Moräne verhältnismäßig schmal; es erscheint deshalb unwahrscheinlich, daß nur die Schmelzwässer der Weilheimer Phase das Trockental ausgetieft haben. So bleibt nur die Folgerung, daß diese Abflußrinne schon während des Rückzuges auf die Tankenrainer Randlage existiert hat. Zusammenfassend kann somit festgestellt werden, daß das Zellseer Tal aller Wahrscheinlichkeit nach das Produkt zweier Rückzugsphasen des Loisachgletschers ist.

Im Gegensatz zur Wessobrunner Moräne kam es also bei diesen jüngeren Rückzugsbewegungen nochmals zur Ausbildung einer breit angelegten, nach außen gerichteten Entwässerung. Die Schmelzwässer mündeten erst ca. 10 km nördlich ihrer Austrittsstelle in das inzwischen freigegebene Ammerseebecken. Der Grund für die Anlage des Tales gerade an dieser Stelle liegt zweifellos in dem Vorhandensein jener Hochfläche; denn dadurch war den Schmelzwässern der direkte Weg längs der Endmoräne verbaut, was zu einem Einschneiden zwischen Beckenrand und Hochfläche führte.

## 9.3 Zur Frage der altersmäßigen Einordnung der Weilheimer Moräne

Nachdem gezeigt werden konnte, daß es sich bei der Weilheimer Moräne tatsächlich um eine Randlage handelt, ergibt sich zwangsläufig die Frage nach ihrem weiteren Verlauf innerhalb des Arbeitsgebietes. Aus der Kartenskizze von J. KNAUER (1937) folgt, daß er die Böbinger Moräne als wahrscheinliche Fortsetzung betrachtet. C. TROLL (1925, 1936) hatte dagegen die Böbinger Moräne mit der Wessobrunner Randlage parallelisiert, während er die Weilheimer Moräne auf der anderen Seite der Ammer einem jüngeren Rückzugswall gleichsetzte, der ca. 6 km östlich der Böbinger Moräne verläuft. Daß eine Verknüpfung im Sinne TROLLs nicht richtig sein kann, stellte J. KNAUER (1937) allein auf Grund eines Niveauvergleichs der beiden Moränen eindeutig fest. Allerdings zieht J. KNAUER in der gleichen Arbeit die Existenz der Böbinger Moräne wieder stark in Zweifel (1937, S. 15). Bemerkenswert an der TROLLschen Karte (1925) ist noch, daß er westlich der Böbinger Moräne noch einen zweiten parallel dazu verlaufenden Moränenzug kartiert. Angesichts der sich widersprechenden Aussagen ergeben sich folgende Fragen:
1. Existieren im Bereich von Böbing zwei echte Rückzugsendmoränen?
2. Welche Gründe sprechen für eine Gleichaltrigkeit der Weilheimer und Böbinger Randlage?

### 9.3.1 Die Situation im Bereich von Böbing

Wie in Kap. 5 dargelegt wurde, wurzelt die Peiting-Schongauer Terrasse im Bereich des Loisachgletschers an einem Moränenwall, der den ehemaligen Rand der Böbinger Teilzunge nachzeichnet. Der hier entstandene Ort Böbing (vgl. Karte) wurde namensgebend für diese Randlage. Besonders gut ist die Moräne nordöstlich des Ortskernes zu verfolgen, sie trägt hier die Straße Böbing–Peißenberg. Etwa beim P.778 verliert sich die Wallform am Abhang der Ammerleite. Südlich und südöstlich von Böbing verläuft die Moräne über den Pestfriedhof und die Oberen Schlutten zum Fuß des Kirnbergs, wo sie nur noch streckenweise morphologisch in Erscheinung tritt. Die zahlreichen Bachanrisse erlauben jedoch die Rekonstruktion der Fortsetzung längs des Ostabfalls des Kirnbergs. Schließlich müssen noch die zahlreichen Baugruben genannt werden, die in den letzten Jahren im Ortsbereich Böbings geöffnet wurden, und in denen durchwegs Endmoränenmaterial ansteht (vgl. Tab.10, Nr.5). Was J. KNAUER (1937) bewogen hat, diese Moräne in Zweifel zu ziehen, war wohl das Fehlen der geschlossenen Hohlformen im Endmoränenbereich. Doch gerade dieses Merkmal tritt bei den inneren Rückzugswällen nur noch selten in Erscheinung (siehe auch 8.3). Die morphologischen Formen, Sander und Endmoränenwall, sowie die Aufschlußbefunde sprechen eindeutig für die Existenz einer glazialen Ablagerungsserie, hervorgerufen durch eine Teilzunge des Loisachgletschers während des Böbinger Rückzugshaltes.

Etwa 1,5 km westlich von Böbing zeichnet sich am Abhang der Schnalz bei Holzleithen eine weitere wallförmige Moräne ab, deren südliche Fortsetzung durch die Schmelzwässer der Böbinger Randlage beseitigt wurde. Auf der anderen Seite der Schotterflur taucht die Endmoräne jedoch bei Pischlach wieder auf und zieht über Wimpes und P. 782 zum Abhang des Kirnberges. Die Lage der eigentlichen Gletscherstirn läßt sich mit Hilfe des Höhenlinienbildes recht gut rekonstruieren, denn westlich Pischlach verrät das äußert unruhige Relief das Durchziehen einer ehemaligen Randlage.

Der dort befindliche Aufschluß Böbing/Wimpes (vgl. Tab. 6, 7, 8 und 10) zeigt folgenden Aufbau (Abb. 11): Die Profiloberkante liegt bei 753 m NN, die Aufschlußsohle bei 735 m. Im oberen Teil der Abbauwand stehen horizontal geschichtete Schotter an, deren petrographische Zusammensetzung unzweideutig die Herkunft aus dem Loisachgletscherbereich verrät. Ein verhältnismäßig hoher Anteil an kantigem Material sowie

## Abb. 11 : Schichtenaufbau im Aufschluß Böbing (1972)

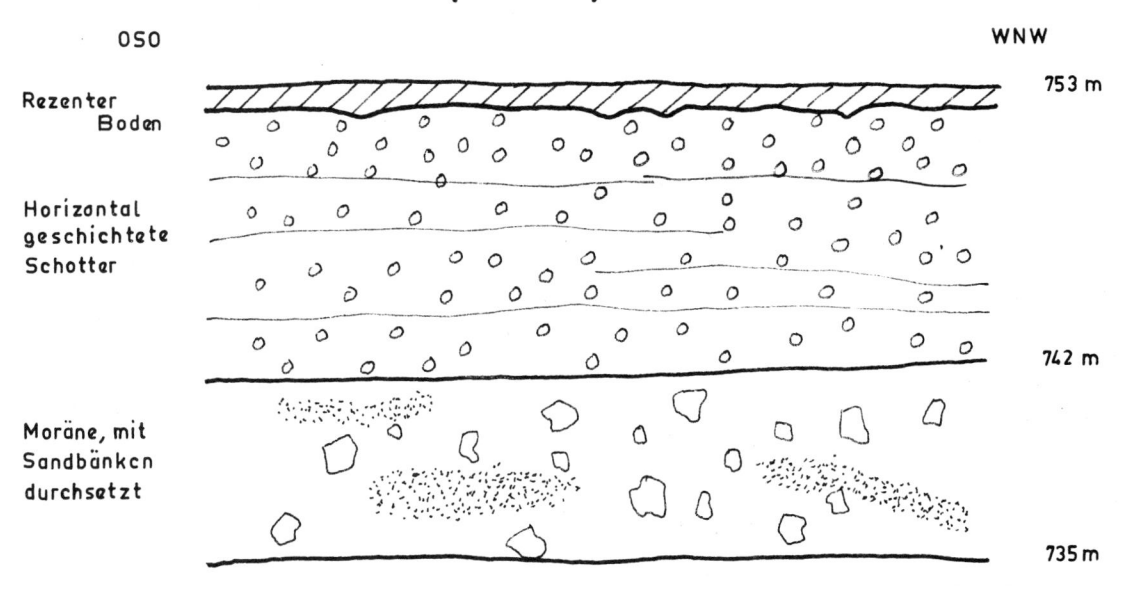

die schlechte Klassierung der Gerölle lassen auf die Nähe des Schüttungszentrums schließen (vgl. Abschnitt 5.2.1 und Abb. 2). Die Schotter gehören zur Peiting-Schongauer Terrasse, sie lassen sich beginnend von dem erwähnten Aufschluß durchgehend bis Böbing verfolgen.

Unter den Schottern steht nun blockreiche Endmoräne an, die von Sand- und Schlufflagen durchsetzt ist. Die beiden Schichtglieder sind diskordant gegeneinander abgesetzt. Die Moräne selbst reicht bis zur Aufschlußsohle. Zurundungsmessungen sowohl im Liegend als auch Hangendkomplex erbrachten das in Abb. 12 dargestellte Ergebnis:
Im Moränenmaterial liegt der Anteil des kantigen Materials bei 35 %, der des kantengerundeten bei 39 %. Lediglich ein Viertel der ausgezählten Gerölle kann als gerundet und stark gerundet angesprochen werden. In den Schottern ist der Prozentsatz des kantengerundeten Materials ähnlich hoch (36 %), dagegen entfallen auf die Gruppen der gerundeten und stark gerundeten Gerölle insgesamt über 50 %. Daraus ergibt sich nun eindeutig, daß der Aufschluß zwei völlig verschiedene Schichten zeigt. Weiterhin läßt sich noch aussagen, daß selbst eine verhältnismäßig kurze Laufstrecke (ca. 2 km) genügt, um signifikante Abrollungskriterien hervorzubringen. Schließlich muß noch daraufhingewiesen werden, daß die Schmelzwässer der Böbinger Randlage jene ältere Endmoräne weitgehend beseitigt haben, im Liegenden der Schotter konnte sich ein Rest der moränalen Ablagerungen des Loisachgletschers erhalten. So ergeben sich auf Grund der morphologischen Anzeichen und des

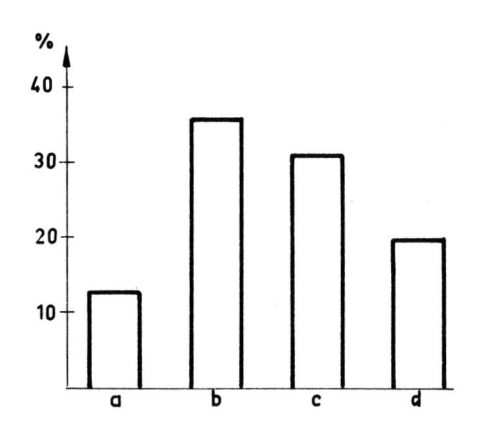

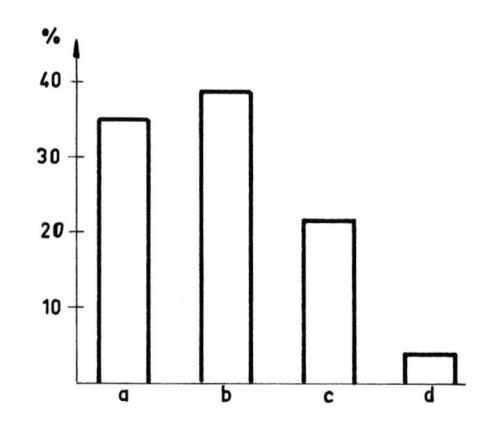

**Abb. 12 : Auswertung der Zurundungsmessungen in Aufschluß Böbing (Kalkgerölle > 20mm) (vgl. auch Abb. 2 )**

Aufschlußbefundes starke Beweise für eine Zweiphasigkeit des spätglazialen Gletscherrückzuges im Böbinger Raum.

Ein letztes Glied der Beweiskette für die Existenz einer älteren Randlage bei Böbing ist das Vorhandensein einer höheren Terrasse (Stufe 4) bei Ramsau im Peitinger Trockental. Die Schmelzwässer, denen die Aufschüttung der oberen Terrassenschotter zu verdanken ist, mußten durch die Enge Schnalz–Schnaidberg gekommen sein, denn der Lechgletscher benutzte zu dieser Zeit bereits die Schmelzwasserrinne westlich des Weidenschorn (vgl. Karte). Da auch der Ammergletscher während dieser Phase hauptsächlich über den Illachgraben nach N entwässerte (vgl. 7.3.2), kommt nur die Böbinger Teilzunge als „Hauptwasserlieferant" in Frage; d. h. die Ablagerung der oberen Schotter erfolgte, als der Loisachgletscher seine zweite Rückzugslage einnahm. Dieser nach der Schmauzenberg Moräne nächste Halt tritt im Gelände in Form der beschriebenen Moränen von Holzleithen–Pischlach in Erscheinung.

### 9.3.2 Die Verknüpfung der Weilheimer und der Böbinger Moräne

Sowohl die Weilheimer Moräne als auch der parallel dazu verlaufende Moränenwall von Tankenrain lassen sich nach S nur bis zum Zellseer Trockental verfolgen (vgl. Karte). Jenseits des Tales verliert sich die Wallform am Gehänge des Beckenrandes bzw. am Abhang des Hohenpeißenbergs. Die weitere Fortsetzung der beiden Randlagen – sofern sie existierte – fiel der starken Erosionstätigkeit der Ammer zum Opfer. Im Bereich der Ammerschlucht sind daher keine Moränenreste mehr vorhanden. Erst auf der anderen Seite der Ammer können entsprechende moränale Ablagerungen erwartet werden. Verlängert man die Weilheimer Moräne geradlinig in südwestlicher Richtung, so wie es J. KNAUER (1937) in seiner Kartenskizze tat, dann erreicht man fast genau den Punkt, an dem die Böbinger Moräne einsetzt. Es liegt daher nahe, beide Moränen für gleichaltrig zu halten. Welche Gründe sprechen nun für eine solche Annahme?

Wie in Abschnitt 5.4 bereits dargelegt wurde, waren zur Zeit der Peiting-Schongauer Stufe das Oberhausener und das südliche Ammerseebecken noch eiserfüllt, so daß der Urammer der Weg nach E versperrt war. Die zeitlich entsprechende Endmoräne muß daher im weiteren Umkreis von Peißenberg gesucht werden. Dort kommen eben nur die beiden erwähnten, parallel verlaufenden Moränenzüge, Weilheimer und Tankenrainer Moräne, in Frage.

Diese Randlagen stellen ebenso wie die beiden Böbinger Moränen Rückzugsunterbrechungen des Loisachgletschers dar. Man kann deshalb den Abschmelzvorgang im Zungenbereich als einigermaßen konform ansehen, d. h. daß die Abstände zweier Rückzugshalte ungefähr gleich sein müssen. Die Tankenrainer Moräne liegt ca. 1,5 km nördlich der Weilheimer, und zwischen den Böbinger Randlagen beträgt der Abstand etwa 1 km. Auch bezüglich der nächstälteren Endmoräne, der Wessobrunner bzw. Schmauzenberg-Moräne, bleibt das Abstandsverhältnis gewahrt, wobei natürlich das Abschmelzen im nördlichen, tieferliegenden Zungenbereich zunächst rascher vonstatten ging als an der verhältnismäßig hoch gelegenen W-Seite. Jüngere Rückzugsphasen sind innerhalb des Arbeitsgebietes nicht mehr zu erkennen, so daß eine sinnvolle Verknüpfung lediglich in oben angedeuteter Form erfolgen kann.

Ein letzter Grund für die Gleichaltrigkeit beider Moränen sei noch angeführt. Die Böbinger Moräne erreicht etwa 760 m NN, der nördlichste Ausläufer der Weilheimer Moräne bei Waizacker rund 580 m NN. Dieser Höhendifferenz von 180 m auf ca. 13 km entspricht ein Gefälle von 14 ‰. Für das der Erosionstätigkeit der Ammer zum Opfer gefallene Anschlußstück zwischen Böbing und Peißenberg ergibt sich zwar ein etwas höherer Wert von 20 ‰; doch liegen beide Zahlen im Bereich des von A. PENCK (1901/09, S. 339) für das Weilheimer Stadium angegebenen Gefälles von 17–25 ‰. Da die Pischlacher ebenso wie die Tankenrainer Moräne 15–20 m höher liegt, ergibt sich auch für diese ältere Randlage ein entsprechendes Gefälle.

Zusammenfassend kann aus den angeführten Gründen der Schluß gezogen werden, daß die Böbinger Moräne die Fortsetzung der Weilheimer Randlage darstellt. Die Pischlacher und Tankenrainer Moräne sind einem früheren Rückzugshalt zuzuschreiben. Die höhere Terrasse im Zellseer Trockental gehört ebenfalls zur älteren Phase.

## 9.4 Der Rückzug von der Weilheimer Randlage

### 9.4.1 Die Verlandung des südlichen Ammerseebeckens

Mit dem Rückzug von der Weilheimer Randlage erreichte der Zungenbeckensee allmählich seine größte Ausdehnung, und zwar genau zu dem Zeitpunkt, als der Loisachgletscher den Molassequerriegel Guggenberg-Westerleiten freigegeben hatte. Dieser W-E-streichende Höhenzug bildete auch die südliche Begrenzung des Ammersees. Gleichzeitig mit dem Eisfreiwerden des Beckens begann auch der Verlandungsprozeß. Zunächst waren es vorwiegend fluvioglaziale Schotter, die als Schwemmkegel in den See abgelagert wurden. Im Osten war es das Deutenhausener Tal, im Westen der „Peißenberger Trichter", durch welche die Schmelzwässer hereinströmten. Für unsere Fragestellung ist insbesondere der Peißenberger Raum von Interesse.

Dort finden sich im nördlichen Ortsbereich von Peißenberg sowie in dem Moränengelände südwestlich von Oderding Spuren ehemaliger Wasserbespülung in einer Höhe von 590 bzw. 583 m NN. Die Erosionskanten stammen aus einer Zeit, als die Schmelzwässer des sich zurückziehenden Loisachgletschers durch die Lücke zwischen Guggenberg und Abhang des Hohenpeißenbergs ihren Weg in den eisfreien Raum nahmen. Ob dieser enge „Trichterhals" bereits vorhanden war oder erst durch die Erosionsleistung des Wassers geschaffen wurde, läßt sich nicht mehr feststellen. Die in der Karte eingetragene Signatur bezieht sich darauf, daß dieser Schmelzwasserweg erstmals nach Verlassen der Weilheimer Randlage, also während der nächstjüngeren Rückzugsphase (Stufe 6), benutzt wurde. Später diente diese Lücke als Überlaufrinne des Oberhausener Sees (vgl. 9.4.2), dessen Wasserspiegel um ca. 17 m über dem des Ammersees stand (A. ROTHPLETZ 1917, S. 239). Sie verlor ihre Funktion, als sich die Ammer am östlichen Ende des Guggenbergs durch den Molasserücken durchgearbeitet und damit den See entwässert hat.

Die Sedimentationsfolge im südlichen Ammerseebecken läßt sich – wenigstens für die Deckschichten – aus Abb. 13 entnehmen.

## Abb. 13 : Profile von Baugrundbohrungen am südlichen Ende des verlandeten Ammerseebeckens bei Oderding

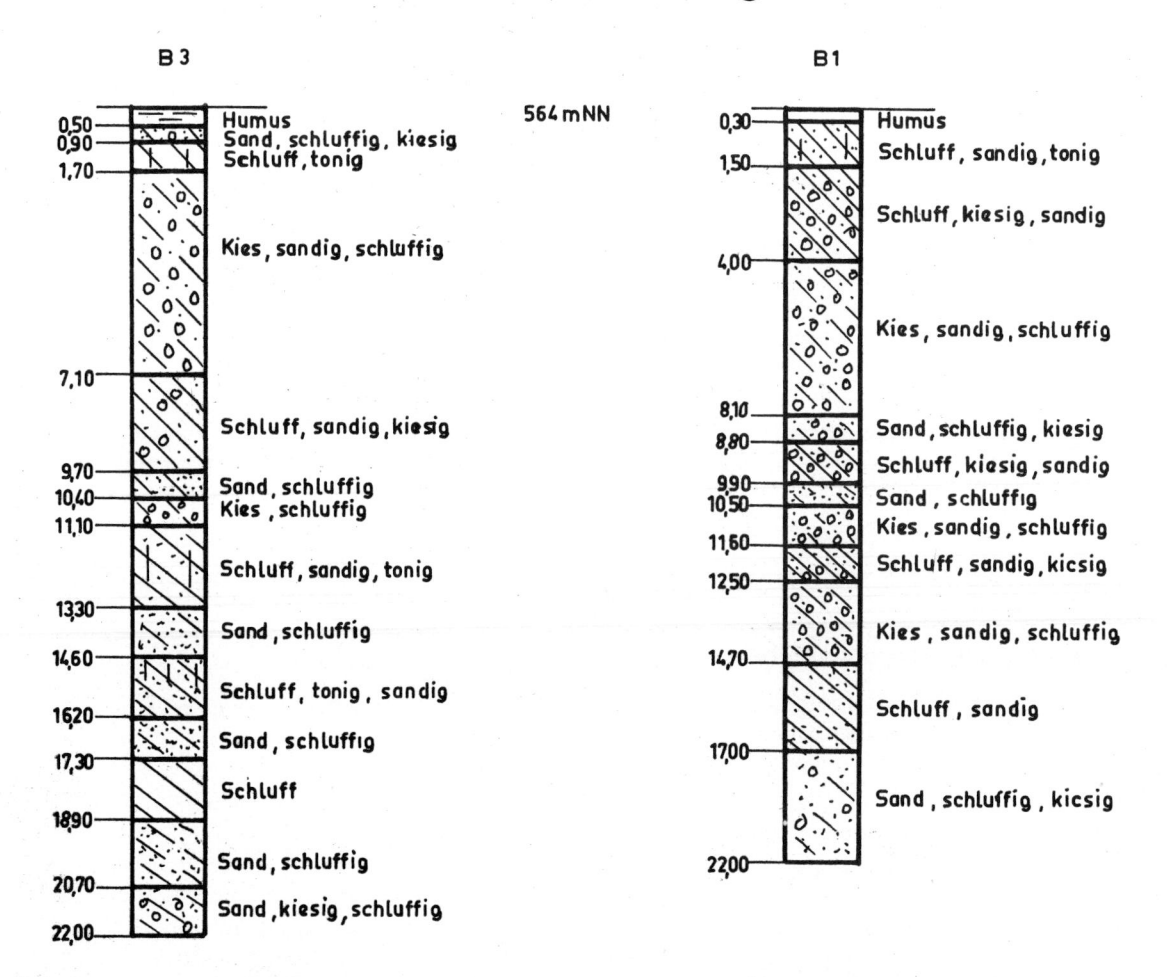

**B 3**

| Tiefe (m) | Schicht |
|---|---|
| 0,50 | Humus |
| 0,90 | Sand, schluffig, kiesig |
| 1,70 | Schluff, tonig |
| 7,10 | Kies, sandig, schluffig |
| 9,70 | Schluff, sandig, kiesig |
| 10,40 | Sand, schluffig |
| 11,10 | Kies, schluffig |
| 13,30 | Schluff, sandig, tonig |
| 14,60 | Sand, schluffig |
| 16,20 | Schluff, tonig, sandig |
| 17,30 | Sand, schluffig |
| 18,90 | Schluff |
| 20,70 | Sand, schluffig |
| 22,00 | Sand, kiesig, schluffig |

564 m NN

**B 1**

| Tiefe (m) | Schicht |
|---|---|
| 0,30 | Humus |
| 1,50 | Schluff, sandig, tonig |
| 4,00 | Schluff, kiesig, sandig |
| 8,10 | Kies, sandig, schluffig |
| 8,80 | Sand, schluffig, kiesig |
| 9,90 | Schluff, kiesig, sandig |
| 10,50 | Sand, schluffig |
| 11,60 | Kies, sandig, schluffig |
| 12,50 | Schluff, sandig, kiesig |
| 14,70 | Kies, sandig, schluffig |
| 17,00 | Schluff, sandig |
| 22,00 | Sand, schluffig, kiesig |

( Die Bohrungen wurden 1972 im Auftrag des Straßenbauamtes Weilheim unmittelbar an der Bahnüberführung Oderding durchgeführt )

Darin sind zwei Profile von Baugrundbohrungen[1] dargestellt, die unmittelbar am Bahnübergang Polling (Blatt 8132 Weilheim R 34775 H 98250) niedergebracht wurden. Danach bestehen im Bereich der Bohrungen 1 und 3 die oberen 1,5 m aus weichem bis steifem Ton. Darunter folgt bis etwa 7–8 m unter Gelände mehr oder weniger schluffiger, sandiger Kies. Nach geringmächtigen Wechsellagerungen von Kies und weichen Ton- und Schluffschichten beginnen zwischen 10 und 14 m unter der Oberfläche verhältnismäßig dichtgelagerte bindige Sande oder steife, zum Teil stark sandige Tone, deren Liegendes in keinem Bohrloch erreicht wurde. Die Ton- und Schlufflagen zeigten keinerlei Schichtung. Auch die südlich von Oderding anstehenden grauen Tone, die vor dem Krieg zur Ziegeleiherstellung genutzt wurden, sind ungeschichtet und führen Sandkörner und kleine Gerölle (A. ROTHPLETZ 1917, S. 238).

---

1) Die Bohrungen wurden im Auftrag des Straßenbauamts Weilheim im Frühjahr 1972 durchgeführt. Die Bohrungsunterlagen stellte freundlicherweise Herr Ing. A. GRUNDNER zur Verfügung.

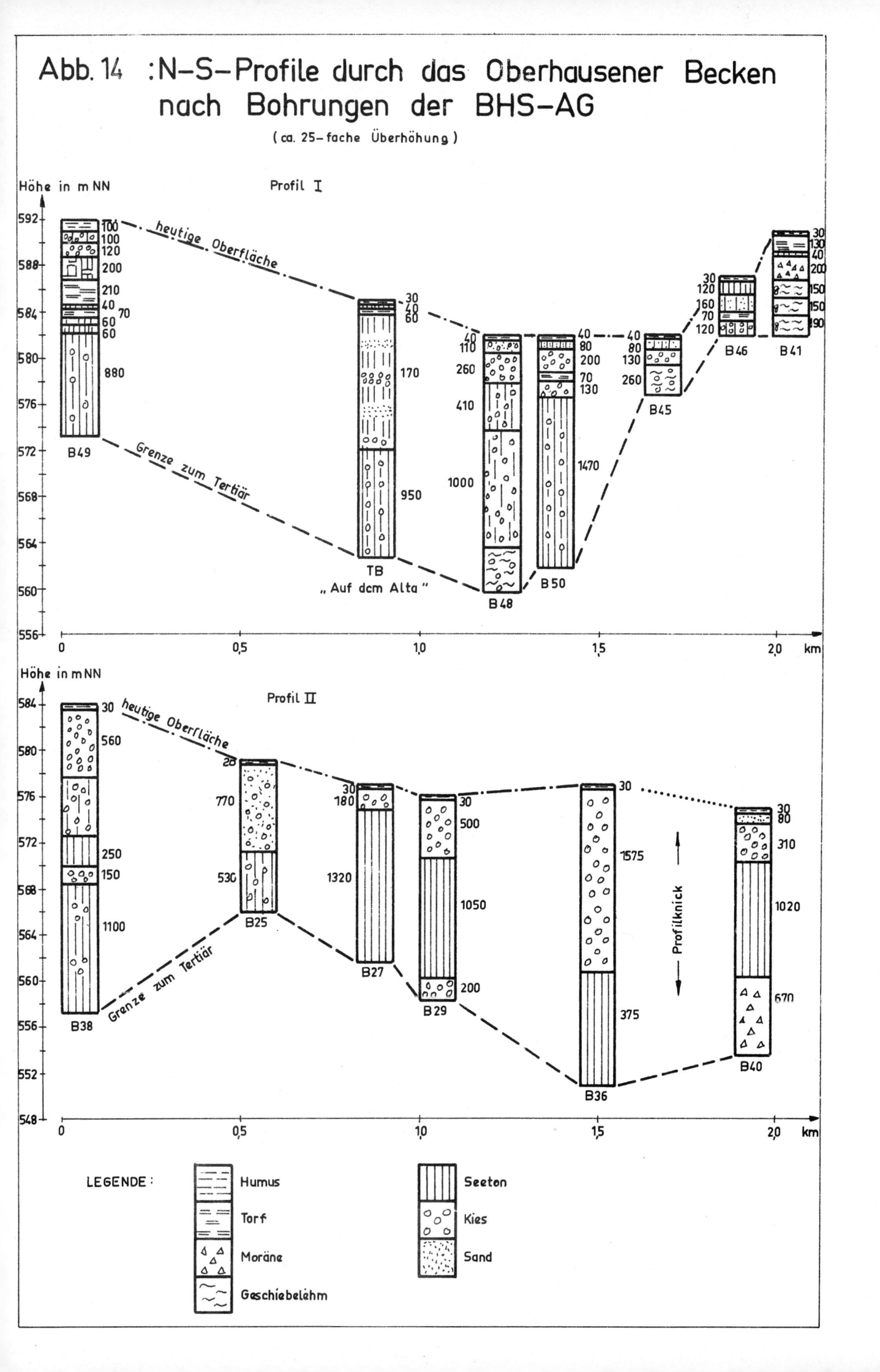

**Abb. 14: N-S-Profile durch das Oberhausener Becken nach Bohrungen der BHS-AG**

(ca. 25-fache Überhöhung)

LEGENDE:
- Humus
- Torf
- Moräne
- Geschiebelehm
- Seeton
- Kies
- Sand

Diese Sedimentationsfolge läßt darauf schließen, daß die Ablagerung nahe der Mündung eines fließenden Gewässers erfolgte. Anders kann man sich die relativ reichen Beimengungen an größeren Fragmenten nicht erklären. Auch das Fehlen einer Schichtung deutet auf eine gewisse ständige Wasserbewegung hin. Dagegen sind die untersten Sande und Tone wohl in größerer Entfernung vom Schüttungszentrum sedimentiert worden. Es liegt deshalb nahe, in dem Überlauf der Urammer nördlich von Oberhausen jenes Schüttungszentrum zu sehen, von wo aus der Verlandungsprozeß des südlichsten Ammerseebeckens eingeleitet wurde. Die Zunahme der Kiesbeimengungen mit geringer werdender Profiltiefe gibt somit die allmählich nach N fortschreitende Zufüllung des Sees wieder.

### 9.4.2 Das Oberhausener Becken und seine Auffüllung

Mit dem Rückzug des Eises von der Weilheimer Randlage bildete sich auch in dem Raum zwischen Guggenberg im N und der Ammerleite bzw. deren Fortsetzung im S ein Stausee aus, der nach dem bekanntesten Ort als Oberhausener See bezeichnet wird. Damit war auch der Weg für die spätglaziale Ammer nach E frei (vgl. Kap. 5). In der Folgezeit stellte dieser See eine lokale Erosionsbasis dar, in der die Ammer von W sowie die Eyach von S ihre Schwemmkegel vorbauten. Besonders der Eyachschwemmfächer ist im Kartenbild gut zu erkennen. Der ursprüngliche Überlauf des Sees beim Bahnhof Peißenberg verlor seine Funktion, als am östlichen Ende des Guggenbergs eine zweite Durchbruchstelle entstand.

Die Ablagerungsfolge ist aus Abb. 14 zu entnehmen. Grundlage für die dargestellten Profile waren Bohrungen der Bayerischen Hütten- und Salzwerke AG (BHS)[1], die im Bereich der kohleführenden Peißenberger Mulde niedergebracht wurden. Dabei ist zu bemerken, daß die Bohrungen zu verschiedenen Zeitpunkten erfolgten (zwischen 1910 und 1960), wobei die Genauigkeit der Schichtenangabe schwankte. Überhaupt wurde den „störenden Quartärablagerungen" wenig Beachtung geschenkt (vgl. untere Profilreihe). Die Lage der beiden Profile ist aus der beigegebenen Karte ersichtlich; Profil II ist um 1,5 km nach Osten verschoben.

Profil I zeigt die wannenartige, asymmetrische heutige Oberfläche. Ca. 20 m darunter liegt das vom Gletscher in der Molasse ausgeschürfte schmale Teilzungenbecken. Gegen S zu steigt die Grenze zum Tertiär jedoch rasch an. Bezüglich des tertiären Untergrundes weist Profil II eine Besonderheit auf. Hier tritt deutlich eine rückenartige Aufragung der Molasse in Erscheinung. Dies ist wohl darauf zurückzuführen, daß die Gletschererosion nicht ausreichte, um diese „Unebenheit" zu beseitigen. Trotz der Überfahrung durch den Gletscher blieben also in diesem Becken Spuren eines älteren Reliefs erhalten.

In mehreren Bohrungen folgten über dem Oligozän moränale Ablagerungen (B 48, 45, 41, 40). Dabei handelt es sich wahrscheinlich um die Grundmoränenschicht, die der Gletscher beim Rückzug aus dem Beckenraum freigab. Darüber bzw. zuunterst liegt eine mächtige Seetonschicht, die teilweise vom Kies und Sandlagen unterbrochen wird. Daraus kann auf ein ähnliches Sedimentationsmilieu geschlossen werden, wie es in 9.4.1 für das südliche Ammerseebecken dargelegt wurde. Zunächst an den Ufern – später auch im Beckeninnern – setzte mit abnehmender Wassertiefe auch eine biogene Verlandung ein, wovon die zahlreichen Torfbänder in den Bohrungen zeugen (vgl. Profil I). Die hangenden Kiesschichten, deren Mächtigkeit im Profil II stark wechselt, stellen Ammer- bzw. Eyach-Alluvionen dar. Sie sind auch ein Beweis für die zahlreichen Laufverlagerungen der beiden Flüsse während und nach der Auffüllung des Oberhausener Beckens.

In Anbetracht der starken Geröllzufuhr durch Ammer und Eyach wurde das Oberhausener Becken relativ rasch zugefüllt. Auf ihren Sedimenten legten beide Flüsse den postglazialen Lauf an, der erst durch den Eingriff des Menschen seine heutige begradigte Richtung erhielt.

---

[1] Die Unterlagen wurden freundlicherweise von der Direktion des Kohlebergwerks Peißenberg zur Verfügung gestellt. Herr Obersteiger GEROLD gab darüberhinaus wertvolle Erläuterungen.

# 10. Der Rudersauer See und seine Entstehung

## 10.1 Einführung in die Problematik

Beim Rückzug der alpinen Vorlandgletscher kam es häufig zur Ausbildung von Eisstauseen zwischen dem Eisrand und wallartigen Erhebungen, die die Funktion eines Dammes innehatten. Die Verlandung dieser Seen ging infolge der starken Materialzufuhr relativ rasch vonstatten. In den Stauseesedimenten fehlen organische Reste völlig bzw. treten nur ganz vereinzelt in Erscheinung. Ein derartiges Ergebnis zeigten die Bohrprofile im Bereich des Peitinger Schmelzwassersees (vgl. 7.2.4) sowie des südlichen Ammerseebeckens (vgl. 9.4.1).

Innerhalb des Arbeitsgebietes wird nun von verschiedenen Autoren eine weitere Stauseebildung beschrieben. Dieser See erstreckte sich in der Senke zwischen Schnaidberg im N und Illberger Wald im S etwa 4 km südlich von Peiting beim Weiler Rudersau (vgl. Karte und Abb. 15). Er soll deshalb als „Rudersauer See" bezeichnet werden. Seine östliche Begrenzung lag genau an der Stelle, wo der Illachgraben in den Kurzenrieder Graben übergeht. Die Entstehung des Sees stellt sich L. SIMON (1926, S. 13) wie folgt vor: „Als sich Ammersee- und Lechgletscher hier trennten, mußte zwischen beiden ein Eissee entstehen, der auch noch bestand, als sich der Ammerseegletscher über den Schmauzenberg weg nach Rottenbuch hinüber gezogen hatte, seine Spiegelhöhe hing ab von der Wasserscheide im Kurzenrieder Graben, über welche der Abfluß nach Peiting hinausging." In ähnlicher Weise erklärt B. EBERL (1930) die Existenz des Rudersauer Sees. Die Abdämmung des Sees erfolgte seiner Meinung nach durch den Moränenkranz der dritten Rückzugsrandlage des Lechgletschers, wodurch der Weg in die zentripetale Richtung versperrt wurde. Bezüglich des Abflusses schloß er sich der Auffassung L. SIMONs an. Auf Grund der Höhenlage der Wasserscheide von 795 m NN im Kurzenrieder Graben und unter Zugrundelegung der heutigen Sohlentiefe von 775 m kommt L. SIMON auf eine Wassertiefe von mindestens 20 m.

Nun birgt aber diese einfach anmutende Erklärung, wie sie von B. EBERL und L. SIMON (1926) dargelegt wurde, ein großes Problem in sich. L. SINON (1926, S. 13) weist selbst daraufhin: „Rätselhaft bleibt nur das Verhältnis des engen, schluchtartigen Illacheinschnittes oberhalb Rudersau und dessen augenscheinlicher Fortsetzung, des Kurzenrieder Grabens, zu der breiten Talung zwischen Rudersau und Staltannen. Denn es läßt sich nicht recht begreifen, was die Urillach bewogen hätte, den Kurzenrieder Graben auszuschürfen, wenn ihr seitlich der mühelose Ausweg durch die breite Talung offengestanden wäre... Andererseits kann man keine rechte Ursache ersinnen, welche diese Bresche in die seitliche Schluchtwand der Urillach hätte schlagen können." Dazu kann man nun bemerken, daß möglicherweise eine Moränenbarriere den Weg nach W blockierte. Doch bei dem reichen Schmelzwasserangebot aus dem südlichen Illachgraben (vgl. 7.3.) wäre ein Durchbruch des Hindernisses wohl sehr rasch erfolgt. Auch das Gletschereis selbst konnte allenfalls begrenzte Zeit als Abdämmung fungieren, denn nach dem Rückzug des Lechgletschers von der dritten Randlage wurde der Weg in Richtung Stammbecken allmählich frei (vgl. Karte).

Wie in Kap. 7 ausgeführt wurde, stellt dieser schluchtartige Einschnitt in die Molasse die Entwässerungsrinne des westlichen Ammer- und östlichen Lechgletschers dar, welche mit fortschreitendem Rückzug des Eises eingetieft wurde. Morphogenetisch bilden die beiden Grabenabschnitte eine Einheit, d.h. ihre Anlage erfolgte zur gleichen Zeit von den Schmelzwässern, denen am Ausgang des Kurzenrieder Grabens auf das Peitinger Schotterfeld die Schaffung der Schotterterrassen zu verdanken ist. So blieb demnach die Aufgabe, die Rudersauer Seetone hinsichtlich ihres Fossilgehalts zu untersuchen, um daraus eventuell einen Schluß auf die Entstehung des Rudersauer Sees ziehen zu können. Nur so kann eine richtige zeitliche Einordnung des Sees in das Spät- oder Postglazial erfolgen.

## a) Lageskizze

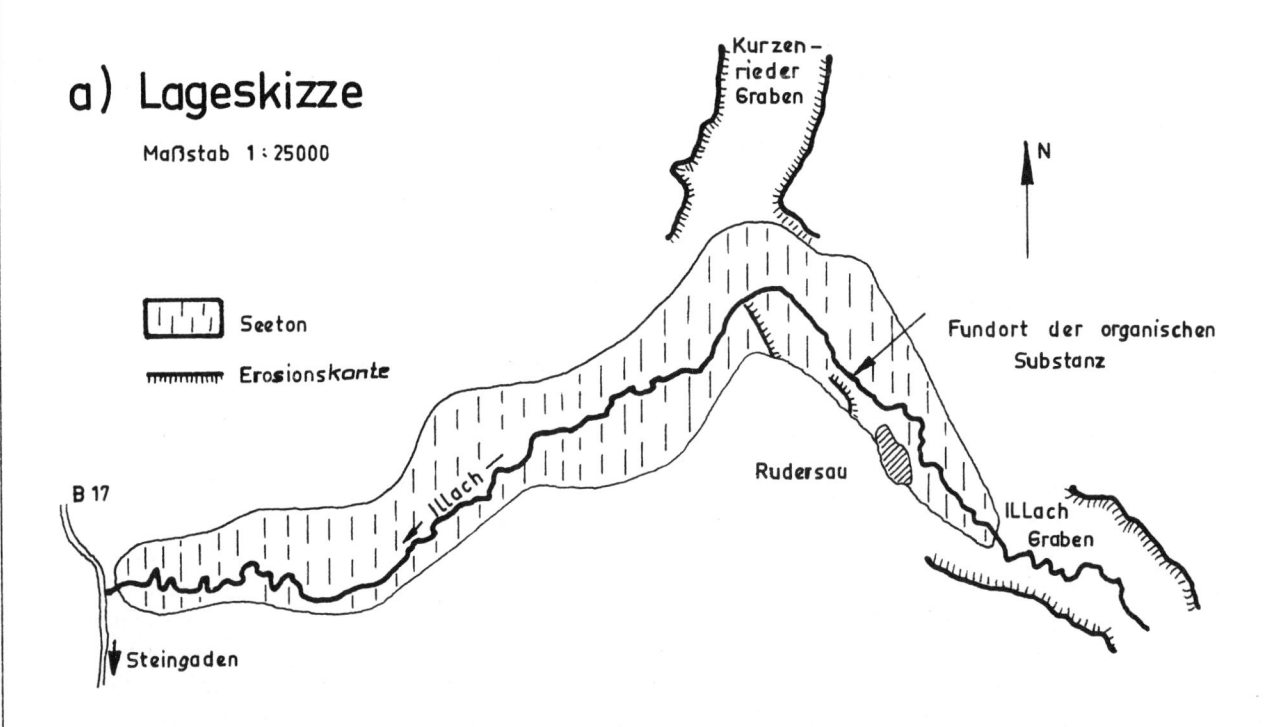

Maßstab 1:25000

Seeton
Erosionskante

Kurzenrieder Graben
Fundort der organischen Substanz
Rudersau
Illach
Illach Graben
B 17
Steingaden

## b) Aufschlußprofil am Fundort (siehe Lageskizze)

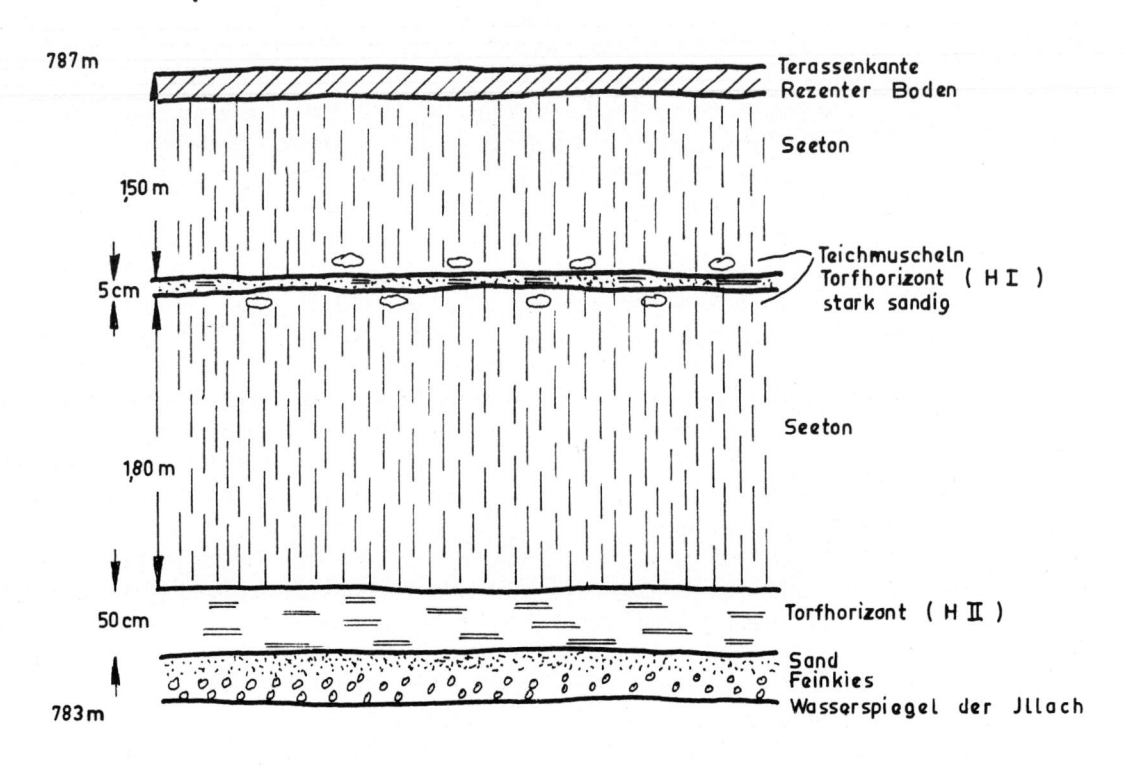

787 m — Terassenkante Rezenter Boden
1,50 m — Seeton
5 cm — Teichmuscheln, Torfhorizont (H I) stark sandig
1,80 m — Seeton
50 cm — Torfhorizont (H II)
— Sand Feinkies
783 m — Wasserspiegel der Illach

**Abb. 15: Die Ablagerungsfolge des ehemaligen Rudersauer Sees**

## 10. 2 Die Sedimente des Rudersauer Sees

### 10.2.1 Lage und Verbreitung der Seetone und Torfablagerungen

Entlang des heutigen Illachlaufes sind an vielen Stellen Seetone aufgeschlossen, deren Existenz schon von L. SIMON (1926) und B. EBERL (1930) angedeutet wurde. Mit Hilfe der Aufschlüsse kann die Größe des Rudersauer Sees in einer groben Annäherung so wiedergegeben werden, wie dies in Abb. 15 versucht wurde. Demnach erfüllte der See fast die gesamte Breite der Talung zwischen Schnaidberg und Illberger Wald. Im W reichte er bis etwa zur B 17, wobei eine Fortsetzung westlich der Straße nicht völlig ausgeschlossen werden kann.

Bei den Geländebegehungen im Jahre 1972 fand ich nun am nördlichen Ortsrand von Rudersau das in Abb. 15 beschriebene Profil (vgl. Bild 11). Darin ist ein Teil der westlichen Uferwand der Illach dargestellt, die sich hier in eine ältere, postglaziale Terrassenfläche eingetieft hat. Die erodierende Wirkung an den Prallhängen führte zu zahlreichen Uferabbrüchen, in welchen die Ablagerungsfolge deutlich zu Tage tritt. Es muß noch hinzugefügt werden, daß diese Schichtenabfolge mit Ausnahme des dünnen Torfbändchens nicht auf die gekennzeichnete Fundstelle beschränkt bleibt, sondern längs des Bachlaufes immer wieder feststellbar ist.

Am auffälligsten innerhalb des Profils war eine intensive, dunkelbraune Färbung dicht über dem heutigen Wasserspiegel. Genaue Untersuchungen ergaben, daß es sich dabei um einen etwa 50 cm mächtigen Torfhorizont (H II) handelt. Bei den durchgeführten Grabungen konnte eine Reihe von gut erhaltenen Fichtenzapfen sichergestellt werden (vgl. Bild 13). Die Zapfen hatten eine durchschnittliche Länge von 10 cm, ihr Querschnitt war leicht elliptisch verformt. Die einzelnen Schuppen saßen noch fest an der Zapfenachse und waren kaum beschädigt. Die Schwarzfärbung der Zapfen muß als Folge der einsetzenden Verkohlung betrachtet werden. Daneben beinhaltete die Torfschicht zahlreiche größere Holzreste, vorwiegend Astmaterial von Nadelbäumen. Bild 12 zeigt einen Teil eines Kiefernastes, dessen Borke sich fast vollständig erhalten hat. Auch bei den Holzüberresten fiel die elliptische Verformung des Querschnittes infolge Druckbelastung auf.

Der gute Erhaltungszustand der organischen Substanz berechtigt zu der Annahme, daß sowohl die Zapfen als auch das Holz in unmittelbarer Nähe gewachsen sein müssen. Die Transportstrecke bis zur Ablagerung kann daher als relativ kurz angesetzt werden. Bezüglich der Datierung der organischen Reste ist noch daraufhinzuweisen, daß die Fichtenzapfen weitaus aussagekräftiger sind, da die Holzteile nachträglich zur Uferbefestigung hineingetrieben worden sein können.

Unter der beschriebenen Torfschicht (H II) [1] trat sandiges, teilweise toniges Material zu Tage, welches nach wenigen cm in Feinkies überging. Tiefere Grabungen wurden durch das sofort nachdrängende Illachwasser verhindert. Über dem Torfhorizont II folgte eine ca. 1,8 m mächtige Seetonschicht. Eine Schichtung der grauen Tone konnte mit freiem Auge nicht ausgemacht werden. Auffällig war auch das Fehlen weiterer organischer Reste in den unteren Partien.

Nach oben wurde die Seetonschicht von einem zweiten dünnen Torfband begrenzt (H I), welches ebenfalls wieder Fichtenzapfen und dünne Holzreste enthielt. Diese waren größtenteils in feinkörnigem Sand eingelagert (vgl. Bild 13, Mitte). Der Erhaltungszustand der Zapfen war ebenfalls ungewöhnlich gut. Sowohl innerhalb des Torfhorizonts als auch in den unmittelbar darüber und darunter befindlichen Seetonen konnten Muschelschalen der Gattung Anodonta [2] entdeckt werden. Das Verbreitungsgebiet dieser auch heute noch existierenden Muschel sind Weiher und Flachseen in ganz Europa. Die Schalen selbst erwiesen sich als unversehrt und stabil.

Das Aufschlußprofil wird nach oben durch eine weitere Seetonschicht von 1,5 m Mächtigkeit abgeschlossen, die hinsichtlich der Färbung und Materialzusammensetzung mit der liegenden Seetonschicht übereinstimmte. Der rezente Boden — bis ca. 20 cm — hat sich an der Oberfläche dieser Tone gebildet. Abschließend muß zu dem Aufschlußprofil gesagt werden, daß die Mächtigkeit des gesamten Seetonkomplexes an den verschiedenen Prallstellen schwankt, aber nicht unter 2 m beträgt.

---

[1] siehe Abb. 15 — Aufschlußprofil am Fundort
[2] Für die Bestimmung bin ich Herrn Prof. Dr. R. DEHM, München, zu Dank verpflichtet.

## 10.2.2 Pollenanalytische Untersuchungen

Die besonderen Lagerungsverhältnisse — Liegendtorf und Hangendseetone — ließen starke Zweifel an der bisherigen Entstehungstheorie bezüglich des Rudersauer Sees aufkommen. Insbesondere die Torfschicht stand in krassem Gegensatz zu der Auffassung, daß es sich um einen ehemaligen Eisstausee handeln sollte. Deswegen konzentrierten sich die weiteren Untersuchungen auf die organischen Ablagerungen, um zu einer möglichst genauen altersmäßigen Einordnung zu kommen.

Mit Hilfe einiger Stechkästen wurden ausreichende Mengen organischen Materials entnommen. Dabei wurde darauf geachtet, daß die gesamte Profilbreite der Torfschichten erfaßt wurde. Die pollenanalytischen Untersuchungen der fünf eingesandten 4 cm$^3$-Proben führte die Abteilung für Palynologie der Universität Göttingen durch [1].

Danach können folgende Ergebnisse festgehalten werden:

1. Der Polleninhalt aller fünf Proben, die aus unterschiedlichen Tiefen stammten, ist etwa gleich.

2. Das Verhältnis Baumpollen/Nichtbaumpollen schwankt zwischen 80:20 und 90:10 (%).

3. Pollen von Nadelbäumen sind überwiegend vertreten: Kiefer 8–15 %, Fichte 13–35 % und Tanne 4–9 %.

4. Der Mischwald mit Eiche, Ulme, Linde, Esche und Ahorn liegt etwas über 10 %. Der Anteil der Rotbuche kann mit Werten zwischen 1 und 9 %, der der Hasel mit 3 bis 7 % registriert werden.

Dieses Pollenspektrum gestattete zunächst den Schluß, daß das Gebiet des verlandeten Rudersauer Sees vor der Seebildung stark bewaldet war, denn der Anteil der Nichtbaumpollen ist verhältnismäßig gering (10–20%). Das Auftreten der Laubbäume in den aufgeführten Arten muß darüberhinaus so gedeutet werden, daß es sich bestimmt nicht um einen kaltzeitlichen Wald handelt. Für die zeitliche Einordnung der Sedimente ergibt sich daraus die Schwierigkeit, daß sowohl holozänes als auch interglaziales oder interstadiales Alter in Frage kommt. Es gibt eine Reihe von Pollendiagrammen der Nacheiszeit aus den Mooren der näheren Umgebung der Illach, die den vorgefundenen Pollenspektren durchaus ähnlich sind [2]. Die Vergleichsspektren treten vorwiegend im Bereich des späten Atlantikums bzw. des frühen Subboreals (Zone VII oder VIII) auf. Andererseits bestehen nicht unbeträchtliche Ähnlichkeiten mit Pollendiagrammen, wie sie im Gebiet des Alpenrandes und Alpenvorlandes im späten Riß-Würm-Interglazial bzw. in den interstadialen Abschnitten des Früh-Würms anzutreffen sind. Allerdings konnten dabei keine so hohen Rotbuchenanteile beobachtet werden. Insgesamt gesehen erlauben die pollenanalytischen Untersuchungen keine Festlegung auf ein holozänes oder pleistozänes Alter.

Die stratigraphischen Verhältnisse im Aufschlußgebiet legen jedoch mit großer Sicherheit den Schluß nahe, daß es sich um postglaziales Material handelt, denn an keiner Stelle werden die Seetone von Grundmoränenmaterial überlagert. Eine derartige Moränenbedeckung müßte aber vorhanden sein, da das gesamte Rudersauer Gebiet vom Lechgletscher überfahren wurde. Eine völlige Ausräumung dieser Grundmoräne durch die Illach erscheint unwahrscheinlich. Zur endgültigen Klärung der Alterseinstufung sind Radiokarbondatierungen notwendig.

---

[1] Die Pollenanalysen wurden von Herrn Dr. GRÜGER ausgeführt. Die Kommentierung der Ergebnisse stammt von Prof. Dr. H.-J. BEUG. Beiden sei an dieser Stelle gedankt.

[2] Nach schriftlicher Mitteilung von Prof. Dr. H.-J. Beug, Göttingen 1973, an Prof. Dr. F. Wilhelm.

## 10.2.3 Ergebnisse der Radiokohlenstoffanalysen und Folgerungen

Aus beiden Torfhorizonten wurden mehrere organische Proben, Holzteile, Fichtenzapfen und Muschelschalen, entnommen und zur Bestimmung des $^{14}$C-Alters an das Niedersächsische Landesamt für Bodenforschung[1], Hannover, gesandt. Dabei erwiesen sich die Schalenreste ihrer Masse nach als zu klien, um für eine Datierung in Frage zu kommen. Das jeweils angegebene Alter wurde mit einer Halbwertszeit des Radiokohlenstoffs von 5570 Jahren errechnet. Die numerischen Angaben beziehen sich auf das Basisjahr 1950.

Die Datierung der Holzteile erbrachte für die beiden eingesandten Proben folgendes Ergebnis:

| Nr. | Horizont | Tiefe u. O. | Alter vor 1950 |
|---|---|---|---|
| Probe 6 | H II | 3 m | 1690 ± 70 |
| Probe 10 (Bild 12) | H II | 3,5 m | 5000 ± 200 |

Diese Daten bestätigen die Vermutung, daß die in Horizont II gefundenen Holzreste auf verschiedene Weise in die Ablagerung gelangten. Rein vom Aussehen her machte das Holz der Probe 6 einen jüngeren, frischeren Eindruck. Die Dunkelfärbung war noch nicht sehr weit fortgeschritten, es fehlten auch Anzeichen einer Verformung. Auf Grund der Datierung muß dieses Holz aller Wahrscheinlichkeit nach im 3. Jahrhundert n. Chr. gewachsen sein. Es liegt daher die Vermutung nahe, daß es sich um Überreste einer früheren Uferverbauung der Illach handeln könnte. Nach mündlichen Auskünften von Bürgermeister Fliegauf, Peiting, einem der besten Kenner der Siedlungsgeschichte dieses Raumes, war die Talweitung von Rudersau bereits zur Römerzeit besiedelt. Es kann aber auch nicht ausgeschlossen werden, daß die Holzreste von Wurzeln eines Waldes stammen, der die Ufer der Illach säumte und den Fluß unzugänglich machte. Jedenfalls sind diese jüngeren organischen Bestandteile deutlich zu trennen von dem in primärer Lagerung befindlichen älteren Torf.

Nach dem Ergebnis von Probe 10 fällt die Entstehung des Torfs in das späte Atlantikum (etwa 5500–2500 v. Chr.). In diesem mittleren Teil der postglazialen Wärmezeit kommt es in Mitteleuropa zu einer breiten Entfaltung von Eichenmischwäldern. An Laubbäumen treten weiterhin Linde, Esche und Erle auf. In den alpenrandnahen Wäldern ist der Anteil des Laubwaldes merklich geringer. Gegen Ende des Atlantikums erreicht die Hasel ein zweites Maximum, Rotbuche und Tanne treten in Erscheinung. Die durchgeführten Pollenanalysen (vgl. 10.2.2) bestätigen eine derartige Zusammensetzung des Rudersauer Waldes und rechtfertigen somit das festgestellte Alter von 5000 Jahren vor 1950.

Zusammenfassend ergibt sich also, daß die Entstehung des basalen Torfhorizonts auf Grund der Pollen- und Radiokohlenstoff-Analysen im späten Atlantikum erfolgte. Der Rudersauer See wurde demnach erst im Postglazial gebildet. Auch die Seetone erhalten eine völlig andere genetische Deutung als bisher angenommen wurde; denn es handelt sich dabei nicht um spätglaziale Eisstausee-Ablagerungen sondern vielmehr um suboreale Sedimente in einem verhältnismäßig warmen See.

## 10.3 Morphogenese

Das Problem des Rudersauer Sees und seiner Entstehung erscheint nach den beschriebenen Ergebnissen unter einem völlig neuen Aspekt. Auf Grund der altersmäßigen Einordnung der Torfablagerungen ist die von L. SIMON (1926) und B. EBERL (1930) vertretene Auffassung, wonach die Entstehung des Sees unmittelbar mit dem Eisrückzug aus der Senke zwischen Schnaidberg und Illberger Wald zusammenfällt, abzulehnen. Jeder Versuch einer Morphogenese hat davon auszugehen, daß das dicht bewaldete Rudersauer Gebiet im späten Atlantikum von einem See überschwemmt wurde. Nur so kann die Überlagerung des Torfes durch die Seetone erklärt werden.

---

[1] Für die Übermittlung und Kommentierung der Ergebnisse danke ich Herrn Dr. M. A. GEYH vom Niedersächsischen Landesamt für Bodenforschung

Bei der Suche nach der Abdämmung des Sees ist man zunächst geneigt, Rutschungen von den steilen Hängen des Kurzenrieder Grabens für die Aufstauung verantwortlich zu machen. Für diese Annahme spricht auch die Existenz einer Talwasserscheide (795 m NN) etwa auf halbem Wege des ehedem gleichsinnig nach N geneigten Kurzenrieder Grabens. Diese Wasserscheide wurde aber nicht durch Hangrutschungen sondern durch den Schwemmkegel eines von E mündenden Baches hervorgerufen. Außerdem bedeutet die Verschüttung dieses schluchtartigen Einschnitts noch lange nicht die Entstehung eines Sees bei Rudersau, da der Weg nach W bereits im Spätglazial wieder frei war. Im Bereich zwischen Rudersau und Ilgen fehlen darüberhinaus alle Anzeichen für eine solche nachträgliche Verbauung.

Eine Möglichkeit der Seebildung wäre das verzögerte Abschmelzen von Toteisresten unter mächtigen Geröllbedeckungen. M. FLORIN und H. E. WRIGHT (1969) beschreiben aus Minnesota/USA ähnliche limnische Ablagerungen über Torfhorizonten. Bei ihren Untersuchungen in den Sedimenten zahlreicher verlandeter Seen analysierten sie vor allem den jeweiligen Diatomeengehalt des Torfes. Dabei zeigte sich, daß sich innerhalb der organischen Schicht die Diatomeenarten stark ändern. In dem untersten Torfband ist das vollkommene Fehlen von im Wasser lebenden Arten auffällig. Mit zunehmender Mächtigkeit des Torfes treten terrestrische und pelagische Diatomeen nebeneinander auf, bis schließlich in den obersten Zonen die letzteren gänzlich überwiegen. In diesem charakteristischen Wechsel der Arten spiegelt sich nun nach FLORIN/WRIGHT der allmähliche Abschmelzvorgang der verschütteten Toteisreste wieder, wobei das Abtauen bis zur Entstehung der ersten kleinen Tümpel zunächst sehr langsam vonstatten ging; deren Erweiterung sowie die volle Seebildung erfolgten dann aber relativ rasch.

Die Genese kann zusammengefaßt in folgender Weise dargelegt werden: Über den verschütteten Toteisresten entwickelte sich ein supraglazialer Wald, dessen Artenreichtum mit fortschreitender Klimabesserung beständig zunahm. Mit dem weiteren Tieftauen des Eises entstanden Moore und kleine Seen, in die laufend organisches Material der Wälder eingefüllt wurde. Am Ende des Abschmelzvorganges erreicht der See seine maximale Erstreckung. Auf dem Seegrund setzte sich die Torfschicht ab, die schließlich durch limnische Sedimente überdeckt wurde. Kann nun der Rudersauer See in obiger Weise morphogenetisch gedeutet werden?

Zunächst spricht natürlich die lange Zeitdauer dagegen, die der Toteisblock unter der Bedeckung überdauert hätte. Denn, nimmt man einmal für den Beginn des Eisrückzugs aus dem betreffenden Gebiet 15 000 Jahre vor heute an, so wäre nach den Radiokarbondatierungen und den pollenanalytischen Ergebnissen immerhin ein Zeitraum von mindestens 10 000 Jahren anzusetzen. Selbst unter Berücksichtigung der alpennahen Lage und der sich daraus ergebenden klimatischen Konsequenzen erscheint es unwahrscheinlich, daß sich Toteis über eine derartige Zeitspanne erhalten konnte. Bei den aus Nordamerika angegebenen Beispielen vergingen maximal 2000 Jahre bis zum völligen Abschmelzen.

Zur endgültigen Klärung des Problems wurden nun die Lagerungsverhältnisse der basalen Torfschichten genauer untersucht.[1] Falls die Toteishypothese zutrifft, müssen sich innerhalb des Torfes deutlich Unregelmäßigkeiten in der Lagerung abzeichnen, die durch das Nachbrechen des schützenden Sedimentmantels hervorgerufen worden sind. Dabei ergab sich, daß die obere Schichtgrenze des Torfes innerhalb der verschiedenen Aufschlußstellen praktisch parallel zum Wasserspiegel, d. h. entsprechend dem Flußgefälle, verläuft (vgl. Bild 11). Unter Verwendung des Flußspiegels der Illach als Bezugsfläche läßt sich obige Aussage auch aufrechterhalten, wenn man die einzelnen Aufschlüsse miteinander verbindet und so die Lücken längs des Bachlaufes schließt. Bei dem Torf selbst handelt es sich um einen Flachmoortorf, dessen Hauptbestandteile Schilf, Sauergräser und Reste von Laub- und Nadelbäumen darstellen. Auffällig war die waagrechte Lagerung der Schilfrhizome. Anzeichen für irgendwelche Störungen innerhalb des Phragmites- und Radizellentorfes konnten keine gefunden werden. Im oberen Teil der Torfschicht ließen sich Einspülungen aus Ton nachweisen, die bänderartig die organische Substanz durchzogen. Diese schmalen Bänder zeigten ebenfalls keine Bruch- oder Verbiegungsstrukturen. Auf Grund dieser Ergebnisse muß die Toteistheorie mit Sicherheit abgelehnt werden.

---

[1] Für die Durchführung der moorgeologischen Untersuchungen habe ich Herrn Prof. Dr. W. JUNG, München, herzlich zu danken.

Bezüglich der Entstehung des Rudersauer Sees geben die moorgeologischen Untersuchungen ebenfalls Aufschluß. Der Torf ist niemals über das Stadium eines Flachmoortorfes hinausgekommen. Demzufolge ist die Vermoorung der Rudersauer Senke wohl nur von relativ kurzer Dauer gewesen. Die im höheren Teil vorhandenen Toneinspülungen beweisen, daß die Torfentwicklung allmählich durch den steigenden Wasserspiegel eines Sees unterbunden wurde. Insgesamt kann man sich also folgende Morphogenese denken: Nach dem Rückzug des Lechgletschers aus seiner Stammfurche war der Illach der gefällstärkere Weg nach W wieder frei geworden. Dabei lagerte sie in der Weitung von Rudersau Geröll und Sand ab, die an der Basis des beschriebenen Profils aufgeschlossen sind. Überschwemmungen sowie der hohe Grundwasserstand des Gebietes führten zu einer Versumpfung weiter Teile. An der Wende Atlantikum/Subboreal wurde die Wasserzufuhr aus dem südlichen Illachgraben unterbrochen; das gesamte Rudersauer Tal trocknete langsam aus und damit begann auch die Torfentwicklung. Diese Phase wurde beendet durch die wieder einsetzende Entwässerung aus dem Illachgraben. Dadurch wurde das Flachmoor überflutet; in dem sich bildenden See lagerten sich feine Sedimente in Form von Seetonen ab.

So bleibt schließlich die Aufgabe, nach der Ursache für die plötzlich aussetzende Wasserzufuhr aus dem Illachgraben zu suchen. Es liegt auf der Hand, irgendwelche Rutschungen von den steilen Hängen der Illachleite für die Abdämmung verantwortlich zu machen. Das Material dieser Barriere wurde später von der neu einsetzenden Illach-Entwässerung beseitigt. Südlich davon wurde im Bereich der Illachterrassen der Wildsteiger See aufgestaut, dessen Überlaufen schließlich zur Überschwemmung des Rudersauer Flachmoores führte.

Zusammenfassend kann festgestellt werden, daß die Morphogenese der Rudersauer Senke durch die Altersbestimmungen der Torfschichten völlig neu dargelegt werden muß. Die durchgeführten Analysen ergaben eindeutig, daß der bisher vertretenen Auffassung, wonach es sich um einen verlandeten Eisstausee handeln sollte, nunmehr widersprochen werden muß.

# 11. Die Entwicklung der Nahtstelle zwischen Lech-, Loisach- und Ammergletscher

## 11.1 Problemstellung

Während in den vorangegangenen Kapiteln einzelne in sich abgeschlossene Themenkreise erörtert wurden, sollen nun die dabei neu gewonnenen Erkenntnisse in einer Art Zusammenschau in das Rückzugsgeschehen der alpinen Vorlandvergletscherung eingebaut werden. Im Rahmen dieser Arbeit interessiert vor allem das Problem der Entwicklung der Nahtstelle zwischen Lech-, Loisach- und Ammergletscher. Gleichzeitig soll die allmähliche Herausbildung des heutigen Gewässernetzes gezeigt werden.

Der Rückzug der hauptwürmzeitlichen Vorlandgletscher von den maximalen Randlagen erfolgte keineswegs kontinuierlich bis in die Alpentäler, sondern wurde durch mehrere Halteperioden unterbrochen. Die Ursache dafür ist wohl in zeitweiligen Klimaverschlechterungen zu sehen. Zweifellos ist es dabei immer wieder zu kleineren Vorstößen gekommen; denn sonst ließen sich die Stauchungserscheinungen in Rückzugswällen nicht erklären. Aber diese Oszillationen waren in ihren Ausmaßen verhältnismäßig bescheiden. jedenfalls fanden sich bei den Untersuchungen im Arbeitsgebiet keinerlei Anzeichen für die Existenz eines Gletscherstadiums innerhalb des hauptwürmzeitlichen Rückzugsablaufes, etwa dem W III B. EBERLs (1930) vergleichbar. Solange es keine Beweise für einen Rückzug bis in die Alpentäler und den anschließenden neuerlichen Vorstoß ins Vorland gibt, empfiehlt es sich einer einheitlichen Nomenklatur wegen, von „Rückzugsphasen" statt „Rückzugsstadien" zu sprechen.

Die Endmoränen des Lech- und Isarvorlandgletschers wurden nach Lokalitäten bezeichnet. In der Regel waren es größere Orte, die namensgebend für die Rückzugsphasen wurden. So entwickelte sich praktisch für jedes Gletschergebiet eine eigene Phasengliederung. Bezüglich des Lech- und Loisachgletschers wurden bereits Versuche unternommen (C. TROLL 1925, 1936, 1954, J. KNAUER 1935, 1937, 1944), Verknüpfungen zwischen Endmoränen beider Gletschergebiete herzustellen. Daß eine Parallelisierung der Randlagen nur über die von den gemeinsamen Schmelzwässern aufgeschütteten Schotterterrassen möglich ist, hat C. TROLL (1925) betont. Da eine genaue Analyse der Schmelzwassersysteme bis hin zum Ammergebirgsrand zur damaligen Zeit noch nicht bestand, wurde auch eine konsequente Verknüpfung verhindert. So sind die Kartenskizzen von C. TROLL (1925) und J. KNAUER (1937) zwar für den Lechgletscher relativ aussagekräftig. Bezüglich des Loisachgletschers und vor allem des Ammergletschers aber können die dargebotenen Lösungen nicht befriedigen. In der im Anhang beigegebenen Karte wird nun auf Grund der Ergebnisse dieser Arbeit eine sinnvolle Parallelisierung vorgenommen. Zur Vermeidung eines „Phasenwirrwarrs" wurden die Lokalbezeichnungen von A. ROTHPLETZ (1917) und L. SIMON (1926) weitgehend beibehalten. Allerdings empfiehlt es sich hinsichtlich der Einordnung der Ergebnisse in eine mögliche glazialmorphologische Gesamtgliederung des Alpenvorlandes, die Lokalnamen durch eine numerische Bezeichnungsweise zu überlagern und einfach von der ersten, zweiten usw. Rückzugsphase zu sprechen. Bei der Betrachtung eines speziellen Gletschergebietes dagegen kann die Verwendung der Lokalbezeichnung insofern vorteilhaft sein, als dann die Auffindung der jeweiligen Randlage im Kartenbild leichter möglich ist.

## 11.2 Die Maximalrandlagen der Würmeiszeit nördlich von Schongau

### 11.2.1 Der periphere Endmoränengürtel

Nach den Ergebnissen von Kap. 8 kann der Verlauf der äußeren W I-Endmoränen, wie er von J. KNAUER (1935) beschrieben wurde, nicht gehalten werden. Seine verschliffenen Würmmoränen erweisen sich als junge Rückzugswälle bzw. müssen genetisch anders gedeutet werden. Es finden sich zwar überfahrene Komplexe, z. B. bei Schwabbruck oder Klaftmühle, jedoch besteht das Liegende durchwegs aus Vorstoßschottern. Ob innerhalb des Arbeitsgebietes überhaupt ältere Würmendmoränen zur Ablagerung gekommen sind, kann im Rahmen dieser Arbeit nicht erörtert werden. Nach dem von H. Ch. HÖFLE (1969) gefundenen Interstadial von Steingaden steht jedenfalls soviel fest, daß das nördliche Alpenvorland vor ca. 32 000–35 000 Jahren bewaldet war.

Für den Hauptwürmvorstoß blieb demnach ein geringerer Zeitraum übrig, als früher angenommen wurde. Während des Höchststandes der Vereisung waren Lech- und Loisachgletscher zu einem großen Eisfächer verschmolzen. Die maximale Randlage verläuft für den Lechgletscher nördlich von Hohenfurch als doppelter, gegen W zu stellenweise auch als dreifacher Wall. Die äußere Moräne beginnt auf der Westseite des Lechs und zieht von „In der Lüsse" halbkreisförmig zum Pfarrbühel nördlich von Schwabsoien. Beinahe parallel dazu verläuft der innere Wall von „Auf den Gruben" über den Schellberg zum Netzen-Berg. Gerade das Fehlen eines dritten Moränenzuges war Anlaß zu einer wissenschaftlichen Auseinandersetzung zwischen C. RATHJENS (1951) und J. KNAUER (1953). C. RATHJENS vermutete die W II c-Moräne südlich von Schongau in der Tannenberger Moräne. Aus dem Vergleich mit anderen Gletschergebieten und den dort anzutreffenden Entfernungsverhältnissen der drei Hauptwürmphasen heraus lehnte KNAUER eine um ca. 7,5 km zurückversetzte W II c-Moräne im Sinne RATHJENS ab. Die in Kap. 8 dargelegten Verknüpfungen der Tannenberger mit der Wessobrunner Moräne kann als weiterer Gegenbeweis zur Auffassung RATHJENS gelten.

Die Frage, ob nördlich von Hohenfurch tatsächlich nur zwei Moränenzüge vorhanden sind, beantwortet KNAUER so, daß die Schmelzwässer der W II b- und W II c-Phase den W II a-Wall weitgehend beseitigt haben. Zwei isolierte Hügel nördlich „In der Lüsse" sind als Reste dieser zerstörten Endmoräne aufzufassen. Diese Erklärung mag durchaus befriedigen, denn nordöstlich von Schwabsoien treten deutlich drei parallele Wälle in Erscheinung (vgl. Karte). Die andere Möglichkeit wäre aber, daß infolge der kleinen Oszillationen des Lechgletschers – der Abstand der Wälle beträgt nur wenige hundert Meter – zwei Endmoränen „ineinandergeschoben" wurden, so daß im Gelände nur eine einzige Wallform erkennbar ist.

Einem Höchststand der Vergletscherung folgten also jeweils nach geringem Rückzug zwei Halte von längerer Dauer. Dieselbe Situation treffen wir auch im Bereich des Loisachgletschers an. Allerdings sind die Moränen der W II a- und W II b-Phase zwischen Hohenfurch und Reichling den Schmelzwässern jüngerer Rückzugsbewegungen zum Opfer gefallen. Lediglich nördlich von Reichling treten die äußersten Moränen innerhalb des Kartenausschnittes in Erscheinung. Der W II c-Wall läßt sich dagegen durchgehend von der Verbindungsstelle mit den Lechgletschermoränen über den Birkenländer Bogen bis Rott verfolgen, wo er das Arbeitsgebiet verläßt. Der Lech durchbricht heute den peripheren Endmoränengürtel genau an der Stelle, wo einst die Lechgletscherstirn auf den weiter ins Vorland reichenden Loisachgletscher traf.

### 11.2.2 Die Entwässerung während der Maximalrandlagen

Ausgehend von den äußeren Jungendmoränen blieb die Hauptniederterrasse auf der W-Seite des Lechs in breiter Entwicklung erhalten. Von SW her münden eine ganze Reihe von Trockentälern auf das Niveau der Stufe 1. Diese Täler wurden bereits zur Zeit der W II a-Phase in dem vorgelagerten Altmoränen- und Schottergelände angelegt, blieben aber auch noch bis zur W II c-Phase intakt, denn die meisten wurzeln an der innersten der drei Endmoränen. Die Hauptfurchen sind (von N nach S):

1. Das Wolfsgruben Tal, welches bei Asch auf die Hauptniederterrasse mündet.

2. Das Ascher Tal, im südlichen Teil Stubental genannt, das seine Wurzeln bis in den Krottenhiller Wald (nicht mehr auf dem Blattgebiet) hinaufstreckt und bei Leeder in die Lechebene austritt.

3. Das Dienhausener Tal, dessen östlicher Ast (Weiher Tal) von Schwabsoien her die Furchen vereinigt.

4. Das Wurzental, welches als „Breites Tal" gleichfalls bis Schwabsoien hinaufreicht.

5. Das Ehrenstal, das am Schellberg entspringt und mit dem vorigen zwischen Denklingen und Kinsau in die Lechebene ausläuft.

Alle diese Furchen lieferten das Material für die Niederterrasse des Lechtals, die zum Teil aus der Verschmelzung der flachen Mündungskegel dieser Täler hervorgegangen ist.

Es bleibt noch zu klären, inwieweit der Loisachgletscher am Aufbau der Hauptniederterrasse beteiligt war. Nach H. GRAUL (1957, S. 209) ist die „Lechtal-Hauptniederterrasse noch in die Formengruppe des dritten Ammersee-Jungendmoränenwalles eingeschnitten". Daraus folgert er, daß der Loisachgletscher bereits früher als der Lechgletscher zurückschmolz. Wie in 11.2.1 angeführt wurde, haben die Schmelzwässer die beiden äußeren Wälle auf einer Länge von ca. 6 km zerstört. In welchem Maße allerdings die Erosion der Endmoränen schon zur Zeit der Stufe 1 fortgeschritten war, läßt sich auf Grund der weiteren spät- und postglazialen Laufverlegungen des Lechs nicht mehr erkennen.

Einen entscheidenden Hinweis bezüglich unserer Fragestellung liefert die Birkenländer Schotterflur, jenes Trokkental, welches an der W IIc-Moräne des Loisachgletschers seinen Ausgang nimmt. Diese ehemalige Entwässerungsrinne endet beim Ortsteil Aichen in etwa 705 m NN über dem heutigen Lechtal und ist in Form von schmalen Terrassenresten auf der E-Seite des Lechs stückweise erhalten. Auf der gegenüberliegenden Seite befindet sich das Niveau der Niederterrasse des Lechgletschers dagegen in etwa 715 m NN. Aus diesem Niveauunterschied von 10 m muß auf ein verspätetes Abschmelzen des Loisachgletschers geschlossen werden. Die Hauptniederterrasse des Lechgletschers wurde demnach – nach dessen Rückzug von den äußeren Jungendmoränen – von den Schmelzwässern des Loisachgletschers während der W IIc-Phase unterschnitten. Damit unterstreicht dieses Ergebnis die Aussage aus 5.2.4, wonach die Materialzufuhr aus dem Loisachgletscherbereich länger angedauert haben muß. Unweit Neuhof (B17) lagen ja kristallinreiche Schotter zuoberst (vgl. Aufschluß Lustberghof, Tab. 8). So hat sich vermutlich während der letzten Schüttungsphase nach einer Periode verstärkter Tiefenerosion über die Lechschotter eine Decke kristallinreicher Loisachschotter ausgebreitet.

Schließlich sei noch auf eine Erosionskante hingewiesen, welche innerhalb der obersten Terrassenstufe verläuft, etwa 1 km südlich von Kinsau beginnt und fast bis Neuhof zu verfolgen ist. Die Schotter mit höherem Kristallinanteil befanden sich in einem Aufschluß östlich dieser Linie. Es liegt deshalb der Schluß nahe, diese Erosionskante den Schmelzwässern des Loisachgletschers zuzuschreiben. Zur endgültigen Klärung müssen aber noch Spezialuntersuchungen angestellt werden. Jedenfalls kann als wesentliches Ergebnis festgehalten werden, daß die Hauptniederterrasse des Lechtals zum Teil auch vom Loisachgletscher geschaffen wurde.

## 11.3 Erste Rückzugsphase

Zur Erläuterung muß hinzugefügt werden, daß in diesem Abschnitt die erste große Rückzugsphase mit ihren Erscheinungen beschrieben werden soll, denn auch der periphere Endmoränengürtel verdankt seine Entstehung mindestens drei allerdings relativ bescheidenen Rückzugsbewegungen.

Der Rückzug des Lechgletschers auf die nächstinnere Randlage ist nicht kontinuierlich vor sich gegangen, sondern wurde durch mindestens einen weiteren Zwischenhalt unterbrochen. So findet sich unmittelbar nordöstlich von Schongau ein Terrassenrest, der als Stufe von St. Ursula (Stufe 2) in die glazialmorphologische Literatur eingegangen ist.[1] Diese Schotterflur wurzelt an Moränen, die um den Staffelau-Wald und im Berlachberg erhalten geblieben sind. Weitere Reste kamen entweder nicht zur Ablagerung oder wurden durch die Schmelzwässer nachfolgender Rückzugsphasen zerstört.

Während dieser ersten kräftigen Abschmelzperiode trennten sich die Eisloben von Lech- und Loisachgletscher sehr rasch. Zwischen beiden entstand ein eisfreier Raum, der sich mehr und mehr verbreitete. Auch die Anlage eines Schmelzwassersees im Raum von Peiting (vgl. 7.2.4) gehört in diese Phase. Die Auftrennung der Eisränder ging natürlich entsprechend der Höhenlage von N nach S vor sich. Zur Zeit der nächsten Randlage, hatte dieser Auftrennungsprozeß fast den Nordabhang der Flyschberge erreicht. Dieser schlauchartigen Öffnung verdankt der Illachgraben seine Anlage und besondere Form (vgl. Kap. 7). Ammer- und Loisachgletscher bildeten nach wie vor eine zusammenhängende Eismasse. Die Loslösung dieser beiden Gletscher erfolgte erst in einer späteren Rückzugsphase. Dagegen waren Ammer- und Lechgletscher zur damaligen Zeit getrennt.

---

1) Siehe Kartenskizze von C. RATHJENS (1951)

Im Laufe der ersten Rückzugsphase hatte sich der Eisrand um ca. 7,5 km zurückverlegt. Dort wurden die Gletscher stationär und schufen die Endmoränen der ersten Rückzugsrandlage. Im Bereich des Lechgletschers wird diese als Tannenberger (L. SIMON 1926), im Loisachgletschergebiet als Wessobrunner Randlage (A. ROTHPLETZ 1917) bezeichnet. Die Tannenberger Moräne beginnt am Westrand des Arbeitsgebietes bei dem gleichnamigen Ort, zieht in flachem Halbbogen zum Lech und von dort in südlicher Richtung bis Kurzenried. Die weitere Fortsetzung des Eisrandes lag am Westrand des Kurzenrieder Grabens (vgl. 7.2.1). Die Moränen der Wessobrunner Phase beginnen im S östlich der Illachterrassen. Ihr weiterer Verlauf kann durch die Lokalitäten Schmauzenberg (vgl. 7.2.2), Winterleiten (8.3.3), Forst und Wessobrunn nachgezeichnet werden.

Die Entwässerung während der ersten Rückzugsphase wurde schon im Abschnitt 8.4 dargelegt. Dem breit angelegten Altenstädter Schotterfeld (Stufe 3) des Lechgletschers stehen beim Loisachgletscher nur einige Trompetentälchen gegenüber. Die Ursachen liegen einmal in dem andersgearteten Zungenbecken, zum anderen in der besonderen Lage des Arbeitsgebietes innerhalb der Gletschergebiete: Bezüglich des Lechgletschers bietet sich die Situation unmittelbar an der Gletscherstirn der Schongauer Teilzunge dar, während die Wessobrunner Moräne einen Teil der Ufermoräne des Loisachgletschers ausmacht. Auch an der W IIc-Moräne des Loisachgletschers wurzelt nur die eine Birkländer Schotterrinne innerhalb des Kartenausschnitts. Erst weiter nördlich gegen das Zungenende folgen weitere größere Schmelzwassertäler (z. B. Penzing–Epfenhausener Talzug).

Zu erwähnen bleibt noch, daß bereits während dieser Phase eine Urillach die Schmelzwässer der südlichen Gletscherränder nach N abführte und dabei über die Rinne des Haselbächleins zur raschen Verlandung des Peitinger Schmelzwassersees beitrug. Infolge der Eintiefung in die Molasse (vgl. 7.2.4) war der Verlauf der Illach auch während der späteren Rückzugsphasen festgelegt.

## 11.4 Zweite Rückzugsphase

### 11.4.1 Die Entwässerung

Als der Lechgletscher sich von der Tannenberger Eisrandlage zurückzog, durchbrachen seine Schmelzwässer die Endmoränen in dem heute trocken liegenden Hofener Tal (unmittelbar am linken Kartenrand), das im Altenstädter Schotterfeld als typisches Trompetental ausklingt. Es wurzelt an einem Moränenwall südlich von Burggen und erhielt auch aus dem Bereich der Ghagetslaichwiesen einen bedeutenden Zustrom. Die Hauptmasse der Schmelzwässer nahm ihren Lauf aber über Schongau. Davon zeugt die erhalten gebliebene mäandrierende Schotterrinne zwischen Schongau und Hohenfurch, die rund 10 m tief in die Altenstädter Terrasse eingeschnitten ist. Die Schönach benutzt heute dieses ehemalige Lechbett in ihrem Unterlauf. Das zugehörige Niveau wird als Hohenfurcher Stufe (Stufe 4) bezeichnet. Nach dem Durchbruch durch die äußersten Endmoränen ist diese Terrasse innerhalb des Arbeitsgebietes lediglich auf der gegenüberliegenden Seite von Reichling als schmaler Rest erhalten geblieben.

Eine weitere bevorzugte Entwässerungsrinne des Lechgletschers führt über Kurzenried in den Peitinger Raum, nur so lassen sich die Terrassenreste der Stufe 4 südlich von Peiting erklären. Die Schotteroberfläche liegt etwa 5–7 m über dem Niveau des Peitinger Trockentales. Die meisten Schmelzwässer kamen aus dem Illachgraben, der während dieser Rückzugsphase als Sammelader für den südlichen Lech- und Ammergletscher diente. Die Entstehung der Illachterrassenlandschaft und der zahlreichen Schmelzwasserrinnen dieser Gletscherbereiche wurde schon im Abschnitt 7.3 geschildert. Aus dem Peitinger Raum gelangten die Wässer auf zwei Wegen: Ein kleinerer Teil erreichte den Urlech auf direktem Weg westlich des Kalvarienbergs. Der andere Teil durchbrach in der Enge von Finsterau jenes riedelartige Gelände aus prähauptwürmzeitlichem Material (vgl. 8.2.2) und vereinigte sich dann mit dem über Hohenfurch fließenden Urlech.

Im Bereich des Loisachgletschers wurde zu dieser Zeit das Zellseer Trockental angelegt (vgl. 9.2.2). Auf diesem Wege gelangten die Schmelzwässer des nördlichen Loisachgletschers in den entstandenen Zungenbeckensee. Eine weitere Entwässerungsrinne führt von der Böbinger Teilzunge in den Peitinger Raum. Somit kam es bereits während der zweiten Rückzugsphase zur Anlage einer Art Urammer, deren Lauf allerdings verhältnismäßig kurz war. Trotzdem handelt es sich um einen sehr wasserreichen Zufluß, der die gesamte Breite des Peitinger Trockentales einnahm. Aller Wahrscheinlichkeit nach kam während dieser Phase kein Schmelzwasser des Ammergletschers über Rottenbuch nach Peiting. Es fehlen jedenfalls Terrassenreste, die eine solche Annahme stützen würden. Zu dem war ja dieser Weg lange Zeit durch die langsam zurückweichende Böbinger Teilzunge versperrt.

### 11.4.2 Eisrandlage

Die Endmoränen dieser Rückzugsphase im Bereich des Lechgletschers werden von L. SIMON (1926) als Haslacher Randlage zusammengefaßt. Sie beginnen innerhalb des Kartenausschnitts beim Haslacher See, ziehen dann in weitem Halbbogen zum Lech, von wo sie südlich von Kreut nach SE umbiegen, um schließlich am Abhang des Schnaidbergs die alte B 17 bis zur Illach zu begleiten. Die Wallform tritt am Gehänge nur örtlich deutlich in Erscheinung. Im Bereich der Illach zeichnet der Moränenbogen das eingestülpte Ende einer lokalen Teilzunge nach. Die weitere Fortsetzung verliert sich am Nordabhang des Illberger Waldes. Zweifellos gleichaltrig ist aber der Moränenzug, der südlich des Illberger Waldes einsetzt und über die Wieskirche verläuft.

Mit Hilfe der Entwässerungsrinnen konnte die entsprechende Randlage des Ammergletschers zumindest auf der Westseite der Ammer bis etwa Murgenbach rekonstruiert werden. Die Fortsetzung auf der anderen Seite der Ammer ist in jenen Moränen zu sehen, die südlich von Echelsbach einsetzen und über Kirmesau in Richtung Bad Kohlgrub verlaufen. Auf Grund der Ergebnisse aus 6.3.2 lag in diesem Bereich die Grenze der äußersten N-Erstreckung des Ammergletschers. Auffällig ist nun, daß die Moränen der Kirmesauer Randlage im Gegensatz zu den nächstjüngeren Moränenwällen (z. B. Eckbühl bei Bayersoien) vor allem im N breit und gedrungen erscheinen. Mangels geeigneter Aufschlüsse kann man nur vermuten, daß hier eine Mittelmoräne zwischen Ammer- und Loisachgletscher existierte, die mit wachsender Eismächtigkeit schließlich vom Eis begraben wurde und so die besondere Form erhielt. Während der Kirmesauer Phase wurde das im N anschließende Gebiet wieder eisfrei, nachdem der Loisachgletscher den Kirnberg wieder freigegeben hatte.

Die gleichaltrigen Moränen des Loisachgletschers wurden bereits in Kap. 9 ausreichend beschrieben. Der von A. ROTHPLETZ (1917) gewählte Name „Madenberger Phase" bedarf einer Veränderung, da die Landschaftsbezeichnung „Madenberg" weitgehend aus der Topographischen Karte verschwunden ist. Es ist daher besser, von der Tankenrain-Pischlacher Randlage zu sprechen. Wie bereits erwähnt, waren die höchsten Teile des Kirnbergs eisfrei. Der Eisrand läßt sich gegen S zu in den N-S-streichenden Moränen bei Vorderkehr (Bad Kohlgrub) verfolgen. Zusammenfassend kann festgestellt werden, daß sich während der zweiten Rückzugsphase Ammer- und Loisachgletscher trennten.

## 11.5 Dritte Rückzugsphase

### 11.5.1 Die Entwässerung

Die Schmelzwässer der dritten Rückzugsphase hinterließen wohl die deutlichsten Spuren in der Glaziallandschaft zwischen Ammer und Lech. Die Entwässerung ist gekennzeichnet durch die Konzentration der Schmelzwässer in wenigen Rinnen. Von W nach E lassen sich folgende Taleinschnitte unterscheiden:

1. Urlechtal
2. Kellershofer Trockental
3. Illachgraben
4. Urammertal
5. Zellerseer Trockental

Mit Ausnahme des Zellseer Tales vereinigten sich die übrigen Schmelzwasserrinnen nördlich von Peiting, von wo aus sie sich gemeinsam am Aufbau der Lechterrassen beteiligten. Nach Th. DIEZ (1968) wird dieses Niveau als Stufe von Peiting-Schongau (5) bezeichnet.

Der Übergangskegel der Terrassenstufe 5 ist im Bereich des Lechgletschers bei Hirschau (unmittelbar am linken Kartenrand) gut erhalten. Von dort ergoß sich der Urlech bereits in etwa der heutigen Laufrichtung folgend bis nach Schongau. Von diesem ehemaligen mäandrierenden Verlauf sind noch zahlreiche Terrassenreste vorhanden. Auf einem solchen Rest liegt die Altstadt von Schongau. Allerdings verließ der Lech während der dritten Rückzugsphase sein ursprüngliches Bett und bog rechtwinklig nach E hin ab, wo er sich nördlich von Peiting mit der Urammer vereinigte. Der Grund für diese Ablenkung ist in den Gefällsverhältnissen zu suchen. Nach dem Durchbruch durch den aus älterem Schottermaterial aufgebauten Höhenrücken zwischen Berlachberg und Oberobland hatte die Urammer verstärkt in die Tiefe erodiert und so ihr Flußniveau beträchtlich abgesenkt. Die Tieferlegung war so stark, daß das Niveau der alten Hohenfurcher Lechschleife etwa 20 m darüber lag. Einige Gefällwerte mögen dies verdeutlichen. Die Terrassenoberkante der Peiting-Schongauer Stufe befindet sich 1 km östlich von Schongau bei ca. 700 m NN. Dieser Wert wird, wenn man dem mäandrierenden Hohenfurcher Tal folgt, erst wieder bei Hohenfurch selbst, also nach einer Entfernung von ca. 4 km erreicht. Daraus ergibt sich eindeutig ein stärkeres Gefälle zum Peitinger Raum hin, wodurch schließlich die Verbindung zwischen Schloßberg und Berlachberg zerschnitten wurde.

Als nächste Entwässerungsrinne muß das Kellershofer Trockental erwähnt werden, das im Abschnitt Kellershof–Peiting etwa 5–7 m tief in die Schotter der Hohenfurcher Stufe eingetieft ist. Durch diese Rinne wurde das Schmelzwasser des nordöstlichen Lechgletschers abgeführt. Sie wurzelt an den Moränenwällen, die bei Ilgen–Staltannen den Nordabhang des Illberges begleiten. Die Entwässerung des südlichen Lech- und Ammergletschers erfolgte immer noch über den Illachgraben und seine Fortsetzung, den Kurzenrieder Graben (vgl. 7.3.2). Die beiden letztgenannten Schmelzwasserflüsse vereinigten sich bei Kurzenried und flossen dort gemeinsam zur Urammer.

Während der dritten Rückzugsphase bildete sich erstmals ein Schmelzwasserfluß aus, der in etwa dem heutigen Ammerlauf folgte, allerdings über die Enge zwischen Schnalz und Straußberg in den Peitinger Raum gerichtet war. Auf diesem Weg erfolgte die Entwässerung des Ammergletschers. Dazu kam noch ein starker Zufluß von der Böbinger Teilzunge des Loisachgletschers (vgl. 9.3). Ein großer Teil der Ablagerungen des Peitinger Schotterfeldes stammt von den letztgenannten Gletschern (vgl. 5.2.1). Dieses heute trockenliegende Tal ist maximal 2 km breit und weist oberhalb des Ammerknies eine Schottermächtigkeit von ca. 20 m auf. In diesem Zusammenhang muß noch auf einen Fehler in dem Werk von B. EBERL (1930) aufmerksam gemacht werden, wo es auf S. 61 heißt: „Es handelt sich um zwei Schotterstufen – im Peitinger Raum (Anm. d. Verf.) – von denen die eine in den Komplex der überfahrenen Randlage (2a) einzuordnen ist, während die tiefere, jüngere Terrasse mit ihrem Wurzelfeldern an der weiter zurückliegenden 3. Randlage entspringt und damit der Altenstädter Stufe auf der anderen Lechseite entspricht." Hierzu muß gesagt werden: Erstens gehören beide Stufen zu Rückzugsphasen, denn bei nachträglichem Überfahren durch den Gletscher wäre die Terrasse wohl überformt worden, und zweitens entspricht die tieferliegende nicht der Altenstädter Stufe, sondern ist wesentlich jünger (vgl. 11.3).

Die letzte Schmelzwasserrinne der dritten Rückzugsphase wurde bereits in 9.2.2 charakterisiert, so daß an dieser Stelle auf eine nochmalige Erörterung verzichtet werden kann.

### 11.5.2 Die Eisrandlage

Die Endmoränen der Bernbeurer Phase des Lechgletschers (L. SIMON 1926) beginnen bei dem gleichnamigen Ort am linken Kartenrand und ziehen dann in östlicher Richtung bis Hirschau an den Lech. Gleichaltrige Moränenwälle sind am nördlichen Ende des Deutensees erkennbar. Die weitere Fortsetzung dieser Randlage verläuft über die Moränenlandschaft von Ilgen und Staltannen zum Westabfall des Illbergs und von dort über Litzau, Haareck und Resle beinahe geradlinig zum Molasserücken des Schneidbergs. Es fällt auf, daß die Endmoränen der dritten Rückzugsphase im Gegensatz zu älteren Randlagen immer wieder aussetzen und besonders im Stirnbereich größere Lücken aufweisen. Die Anfänge der in 11.5.1 gezeigten Entwässerungsrinnen erlauben jedoch in eindeutiger Weise einen Rückschluß auf die Lage des Zungenendes.

Der Verlauf der entsprechenden W e i l h e i m - B ö b i n g e r Phase im Loisachgletschergebiet wurde bereits in Kap. 9 näher beschrieben. Von Böbing aus zieht die Endmoräne am Nord- und Ostabhang des Kirnbergs entlang. Die Wallform ist jedoch nur stückweise im Gelände hervortretend. Zu dieser Randlage sind ferner jene Moränenhügel bei Schöffau zu rechnen. Von dort streicht der ehemalige Eisrand leicht nach W ausbuchtend längs des Stichgrabens und gewinnt nordöstlich von Bad Kohlgrub Anschluß an den südlichsten Molassequerriegel. Es muß betont werden, daß die Wallform der Moränen im Bereich der Murnauer Mulde recht undeutlich wird. Das Fehlen von Aufschlüssen – ein einziger liegt beim Anwesen Saliter südlich von Schöffau – sowie die dichte Bewaldung des Gebietes erschweren die Geländekartierung des Rückzugwalles.

Bezüglich des Ammergletschers konnte die Randlage auf der W-Seite der Ammer bis südlich von Murgenbach verfolgt werden (vgl. 7.3.2). Auf der anderen Seite der Ammer bildet der Eckbühl bei Bayersoien die Fortsetzung. Nach diesem Ort soll auch der Endmoränenzug die Bezeichnung B a y e r s o i e n e r Randlage erhalten. Sie verläuft zunächst in südöstlicher Richtung bis gegen Saulgrub und erreicht beim Ortsteil Kraggenau den Nordfuß des Hörnle-Massivs. Zwischen Bayersoien und Saulgrub wurde die neue Trasse der B 23 unmittelbar neben bzw. auf dem Endmoränenzug geführt. Die beim Bau der Straße sichtbaren Aufschlüsse ließen keinen Zweifel an der Endmoränennatur der im Gelände ohnehin deutlich erkennbaren Höhenrücken. Der in den Soiener See mündende Mühlbach zeichnet die periphere Entwässerungsrinne zwischen der Bayersoiener- und der nächstälteren Kirmesauer Randlage nach. Der See selbst verdankt seine Existenz einem liegengebliebenen Toteisblock. Die Wasserfläche erstreckte sich früher weiter nach W und schloß den inzwischen verlandeten Bärensee noch mit ein. Zur Zeit der Bayersoiener Randlage waren Ammer und Loisachgletscher jedenfalls völlig voneinander getrennt. Die Geröllanalysen beweisen dies ebenso (vgl. 6.3.2) wie die nunmehr in großer Mächtigkeit abgelagerte Stirnmoräne.

## 11.6 Weitere Rückzugsbewegungen

### 11.6.1 Vierte Rückzugsphase

Von der vierten Rückzugsphase sind innerhalb des Arbeitsgebietes nur im Bereich des Lech- und Ammergletschers entsprechende Ablagerungen erhalten geblieben. Die Endmoränen verlaufen weitgehend parallel zu den äußeren Randlagen. Innerhalb des Kartenausschnitts beginnen sie nordwestlich von Lechbruck bei Echerschwang und ziehen in einem Halbbogen bis an den Lech, wo der Hof Bruck sich befindet. Auf der anderen Seite des Lechs setzen sie sich über Breitbichel und Maderbichel bis gegen Steingaden fort. Nach kurzer Unterbrechung treten Endmoränen derselben Rückzugsphase wieder im Eulenwald, beim Hiebler-Hof und beim Anwesen Lindegg in Erscheinung. Südlich des Fronreitner Sees befinden sich die Ansatzstellen dieser Randlage zur Molasserippe des Schneidbergs. Nach L. SIMON (1926) handelt es sich dabei um die Wagegger Phase des Lechgletschers. Da der Ort Steingaden aber wesentlich größer und bekannter ist, erscheint es zweckmäßig, künftig von der S t e i n g a d e n e r Randlage zu sprechen. Die starke Zerrissenheit des Walles – besonders südlich von Steingaden – folgt aus der Zerlappung des Gletschers auf Grund der geringen Eismächtigkeit. Die Moränen liegen zwar ziemlich dicht bei denen der dritten Rückzugslage, sie lassen sich trotzdem relativ genau trennen, da durch den Haareckbach und den Oberen Lindeggersee eine periphere Entwässerungsrinne nachgezeichnet wird.

Die Stirn des Ammergletschers hatte sich während dieser Phase auf die Linie Mähdige Leite – Hargenwies – Eck-Wiesen zurückgezogen. Im Bereich der Eck-Wiesen gestaltete sich die Kartierung von Moränenwällen besonders schwierig, da hier infolge des unruhigen Molassereliefs eine Vielzahl von Vollformen auftritt. Der Höhenlage nach zu urteilen (894 m) waren die höchsten Teile der Erhebung gewiß eisfrei. Wahrscheinlich war nur noch die Muldenregion zwischen Eck-Wiesen und Wetzstein-Rücken mit Eis erfüllt. Der Eisrand verlief südwestlich von Saulgrub bis zum Punkt 895, wo mehrere langgestreckte Moränenwälle seine Fortsetzung nachzeichnen. Etwa dort, wo heute das Blindenheim steht, verliert sich die Wallform der Moränen am Fuß der Hörnle-Gruppe. Gerade wegen des sehr lückenhaften Verlaufs des Endmoränenkranzes bedarf es noch weiterer Indizien, die für die Existenz einer ehemaligen echten Randlage sprechen.

Wie in Abb. 3 (Profil Kreut) dargestellt wurde, liegt westlich des Dorfes Kreut (2 km südwestlich von Bayersoien) eine Terrasse, deren Niveau sich eindeutig über dem der Altenauer Stufe befindet. Andererseits kann diese Terrasse erst entstanden sein nach dem Rückzug des Ammergletschers von der Bayersoiener Randlage. Damit ist die Terrasse jünger als die Peiting-Schongauer Stufe (5). Die Terrassenoberfläche läßt sich bis nördlich von Hargenwies verfolgen, wo ja — wie oben erwähnt — die Stirn des Ammergletschers während der vierten Rückzugsphase lag. Unmittelbar westlich der Straße Hargenwies—Kreut ist ein Teil des Übergangskegels aufgeschlossen. Es sind schlecht klassierte, größtenteils kantengerundete Gerölle; gekritzte Fragmente waren nicht aufzufinden. Die Terrasse erweist sich somit als Rest eines spätglazialen Ammertalbodens, dessen Verlauf bereits weitgehend mit der heutigen Fließrichtung übereinstimmt. Weitere Überreste dieser Stufe fielen der starken Tiefenerosion der Ammer zum Opfer. Das Vorhandensein dieser K r e u t e r Terrasse berechtigt somit, von einer echten Randlage, der K r e u t e r Randlage des Ammergletschers zu sprechen.

Mit Beginn der vierten Rückzugsphase erfuhr die Hydrographie des Arbeitsgebietes einschneidende Veränderungen. Mit Ausnahme des Lechs selbst fielen sämtliche Entwässerungsrinnen des Lechgletschers trocken. Vor allem die große Sammelader Illach verlor ihre Funktion, da die Schmelzwässer neue Rinnen gruben. Bei Steingaden flossen die von S kommenden Wässer nach W zum Lech, wobei sie in dem flachen Gelände die mitgeführten Schotter schwemmkegelartig ausbreiteten. Die große Abflußrinne zwischen Oberreithen und Schlögelmühle entstand nach dem Rückzug des Gletschers von der vierten Randlage in den Trauchgauer Raum. Zusammenfassend kann man für das Gebiet des Lechgletschers sagen, daß im Laufe der vierten Rückzugsphase der Weg nach W frei wurde, und die Entwässerung dem natürlichen Gefälle der zentripetalen Richtung folgen konnte.

Etwa zur gleichen Zeit wurde auch die Ammerhydrographie entscheidend verändert. Wie beim Lechgletscher existierte dort nur noch ein Schüttungszentrum. Die Schmelzwässer gelangten aber nun nicht mehr über das Peitinger Tal zum Lech sondern nahmen den kürzeren, gefällsreicheren Weg nach E in das inzwischen eisfrei gewordene Oberhausener Becken (vgl. 9.4.2). Da die Peiting-Schongauer Stufe das tiefste Niveau des Peitinger Trockentales darstellt, muß die Umlenkung des Flusses während der vierten Rückzugsphase erfolgt sein. Dies stimmt wiederum mit unseren Ergebnissen aus Kapitel 9 überein, wonach mit dem Rückzug des Loisachgletschers von der Weilheimer Randlage das südlichste Zungenbecken eisfrei wurde.

### 11.6.2 Die Altenauer Rückzugsphasen

Weitere Rückzugsbewegungen lassen sich innerhalb des Arbeitsgebietes nur noch im Bereich des Ammergletschers verfolgen. Sie sind jedoch von besonderem Interesse, da sie bisher völlig falsch eingeordnet wurden. Schon A. PENCK/E. BRÜCKNER (1901/09) beschrieben die Altenauer Endmoränen und rechneten sie dem Bühlstadium zu. Die Moräne von Böbing ist ihrer Meinung nach ebenfalls diesem Stadium zuzuordnen. C. TROLL (1925) dagegen parallelisiert die Altenauer Moränen mit denen des Weilheimer Gletscherhalts. Diese Randlage wiederum schätzte er jünger ein als die Böbinger Endmoränen (vgl. 9.3.2). Zur Klärung des Problems sei zunächst die morphologische Situation im Raum Altenau dargelegt.

Nördlich von Altenau durchbricht die Bahnlinie einen ersten äußeren Endmoränenwall, dessen Halbbogen sich nach W bis zur Ammer hin verfolgen läßt. Auf der anderen Seite der Ammer müssen wohl die Moränenhügel im Breiten und Langen Filz als gleichaltrig angesprochen werden. Diese Moränen sind jedenfalls auch dem Ammergletscher zuzuordnen, da aus dem Halbammertal kein Lokalgletscher bis ins Vorland vorstieß. Es schob sich — im Gegenteil — ein schmaler Arm des Ammergletschers talaufwärts (vgl. 3.3.1). So ist vermutlich die weit nach W ausladende Form dieser Randlage zu erklären. An der Ostseite des Ammergauer Beckens findet die Ä u ß e r e A l t e n a u e r Randlage ihre Fortsetzung in dem fast durchgehenden Zug von Ufermoränen, die sich bis westlich von Unterammergau verfolgen lassen. Dort erreichen sie auch ihre größte Höhe mit etwa 870 m. Die neue Trasse der B 23 verläuft bei Wurmansau auf diesen Wällen. Dort wurden auch im Zuge des Ausbaus gute Aufschlüsse angefahren (z. B. Aufschluß 55). Eigenartigerweise fehlen auf der gegenüberliegenden Seite des Zungenbeckens entsprechende Endmoränen. Vermutlich hat die auf Grund der Fließrichtung mehr gegen die Westabhänge gerichtete Gletschererosion die Ausbildung solcher Ablagerungen verhindert.

An die eben beschriebenen Ufermoränen schmiegt sich beckeneinwärts mindestens ein weiterer Wall an, der sich bis nördlich von Kappel verfolgen läßt. R. v. KLEBELSBERG (1914) spricht gar von „vier bis sechs Reihen dicht gedrängter, paralleler, kleiner Uferwälle" (S. 231). Der Geländebefund richtet sich gegen eine derartig große Anzahl; für die Stirnregion mag dies eher zutreffen (siehe unten). Dieser innere Wall biegt südlich von Altenau in die Gegenrichtung um und verläuft jenseits der Ammer noch bis zu der Stelle „Am See". Gemäß ihrer Lage sollen diese Endmoränen als I n n e r e  A l t e n a u e r  Randlage bezeichnet werden. An der Stirnmoräne wurzelt jene Schotterflur, auf welcher der Ort Altenau liegt. Der Übergangskegel (840 m) ist in der Kiesgrube Altenau aufgeschlossen (Bild 4). Die Fortsetzung dieser A l t e n a u e r Terrasse wurde bereits in 5.3.1 dargelegt. Daraus ergibt sich auch eine Möglichkeit der zeitlichen Einordnung der Äußeren und Inneren Altenauer Phase. Da die Ammer zur Zeit der Inneren Randlage bereits 20 m unter dem Niveau der Peiting-Schongauer Terrasse floß, können die beiden Altenauer Endmoränen nicht mit der Böbinger bzw. Weilheimer Moräne altersmäßig gleichgestellt werden. Die entsprechende Randlage im Bereich des Loisachgletschers muß weiter im S gegen das Murnauer Becken hin zu suchen sein.

Innerhalb des Zungenbeckens finden sich am nördlichen Ende noch weitere Stirnmoränen. Es lassen sich etwa fünf Reihen unterscheiden. Sie wurden beim Rückzug des Ammergletschers von der Inneren Altenauer Randlage abgelagert und geben ein sehr genaues Bild von den vielen Oszillationen der rückschmelzenden eiszeitlichen Gletscher. Die äußersten, nördlichsten Wälle stehen in wesentlich spitzerem Winkel zum Tal und deuten auf ein spitzes Zungenende knapp 100 m südlich des Bahnhofs Altenau, die innersten, flacheren verlaufen fast quer und entsprechen einem Gletscherstand, wo jene Spitze schon abgeschmolzen war. Im Volksmund erhielt dieser Landschaftsteil die Bezeichnung „Im Kochel" bzw. „Kochelfilz". Damit sind langgestreckte Hügel gemeint. R. v. KLEBELSBERG (1914) beschreibt aus dem Bereich dieser Kochel gute Aufschlußverhältnisse und gibt an, daß überall typischer Moränenschutt ansteht. In dem heute dicht bewaldeten Gelände ist von jenen Aufschlüssen nichts mehr zu sehen, so daß die Aussage v. KLEBELSBERGs ohne Überprüfung akzeptiert werden muß.

Beim weiteren Rückzug bildete sich ein Stausee aus, an dessen Überlauf bei Altenau die spät- bzw. postglaziale Ammer entsprang. Sollten noch andere Moränen zur Ablagerung gekommen sein, so wurden sie im Laufe der Zeit von den mächtigen Seeablagerungen begraben. Infolge der starken Schuttanlieferung von den flankierenden Flyschhängen – die breiten Schwemmkegel zeugen davon – dürfte die Verlandung des Ammergauer Sees relativ rasch erfolgt sein.

## 12.1 Zusammenfassung

In den Jahren 1970 bis 1973 wurden im nördlichen Alpenvorland zwischen Ammer und Lech glazialmorphologische Untersuchungen durchgeführt. Dabei sollte die Entwicklung der Nahtstelle der drei zusammentreffenden Gletscher, Loisach-, Lech- und Ammergletscher , vom Würmhoch- bis Spätglazial verfolgt werden. Folgende Ergebnisse lassen sich angeben:

1. Die Anwendung quantitativer Meßmethoden in den glazialen und fluvioglazialen Ablagerungen der drei Gletschergebiete lieferte für die Randbereiche beiderseits der Nahtstelle signifikante Abgrenzungskriterien. So unterscheiden sich Loisach- und Ammergletscher bzw. Loisach- und Lechgletscher in ihrem Kristallingehalt, Lech- und Ammergletscher dagegen im Ca/Mg-Verhältnis. Demnach hat sich der Ammergletscher nur etwa bis Echelsbach im N erstreckt. Die Trennungslinie zwischen Loisach- und Lechgletscher wird durch den Illachgraben und seine Verlängerung, den Kurzenrieder Graben, nachgezeichnet.

2. Außer den drei seit langem bekannten maximalen Eisrandlagen der letzten Vereisung lassen sich innerhalb der drei Gletschergebiete weitere Rückzugsmoränen unterscheiden, deren Verknüpfung über die von den gemeinsamen Schmelzwässern aufgeschütteten Schotterterrassen gelingt. Dabei zeigt sich, daß der Rückzugsablauf bei allen drei Gletschern bis auf eine Phasenverschiebung zu Beginn des Abschmelzvorgangs gleichartig ist. Infolge der abnehmenden Eismächtigkeit und der fortschreitenden Zerlappung des Gletscherrandes weisen diese Rückzugsmoränen eine andersgeartete Morphologie auf als die peripheren Endmoränen der letzten Vergletscherung.

3. Der Verlauf der überfahrenen W I-Moräne innerhalb des Arbeitsgebietes, wie er von J. KNAUER (1935) dargelegt wurde, entspricht nicht dem Befund im Gelände. Westlich des Lechs erweisen sich die bescheidenen, drumlinoid geformten Hügel zwar als überfahren, unter der geringmächtigen Grundmoränendecke liegen jedoch geschichtete Schotter. Die östlich des Lechs eingezeichnete Wessobrunner Moräne bildet die Fortsetzung der ersten Rückzugsmoräne aus dem Lechgletschergebiet.

4. Bei der Weilheimer Moräne handelt es sich um eine echte Endmoräne, deren Gleichaltrigkeit mit der Böbinger Moräne bewiesen werden konnte. Das Verbindungsstück wurde durch die Ammer erodiert bzw. tritt am Abhang des Hohenpeißenbergs nicht mehr in Erscheinung.

5. Die Umlenkung der Ammer erfolgte nicht erst im Postglazial, sondern unmittelbar nach dem Rückzug des Loisachgletschers aus dem südlichsten Teil des Ammerseebeckens. Zu dieser Zeit lag der Ammergletscher südlich von Bayersoien. Damit gehört dieser Vorgang dem Spätglazial an. Die Laufänderung der Ammer stellt ein Beispiel für die Umkehrung der ursprünglich zentrifugalen in die zentripetale Fließrichtung vieler Alpenvorlandsflüsse dar. Der Umlenkungszeitpunkt wird durch die Freigabe der ehemals eiserfüllten Zungenbecken bestimmt.

## 12.2 Summary

In the years 1970—1973 glacial-morphological researches were conducted in the northern Alpine fore-land between the Ammer and the Lech rivers. The development of the boundary line between the three converging glaciers, Loisach, Lech, and Ammer, from Main Würm to the late glacial period was to be observed at that time. The following results can be reported:

1. The methods used for quantitative measurements of the glacial and fluvioglacial deposits of these three glacier regions yielded significant criteria for delimiting the border regions on both sides of the boundary line. Thus unambiguous differences in the content of crystallin as well as in the relations of Ca/Mg became evident.

2. Beside the three well-known maximal marginal icelayers of the last glaciation further retreating moraines could be observed within the three glacial regions, whose connection can be established by means of the terraces of accumulated gravelled drift caused by common melting waters. It becomes clear at the same time that the process of retreat, but for a phase deviation at the beginning of the retreat, is homogeneous.

3. The W I-moraine considered by J. KNAUER (1935) as passed over and razed proved to be a terminal moraine of the first retreating phase within the compass of the Loisach glacier. Proof of a genuine retreating formation in respect to the Weilheim moraine as well as of contemporaneity with the Böbing moraine can be produced.

4. The shift of direction of the Ammer to the tongue-shaped basin of the Loisach glacier, now free of ice, took place during the late glaciation. This course change could pass for an example of the reversal from centrifugal to centripetal flow and direction of many rivers of the Alpine fore-land.

## 12.3 Resumé

De 1970 à 1973, on effectua des recherches concernant la morphologie glaciaire dans la partie nordigue des Préalpes qui s'étend entre les deux rivières, l'Ammer et le Lech. Ces recherches devaient servir à observer le développement du point de suture des trois glaciers convergents, à savoir les glaciers de la Loisach, du Lech et de l'Ammer, à partir de la haute èpoque glaciaire jusqu'à l'époque de déclin. Ces investigations aboutirent aux résultats suivants:

1. En employant des procédés de mesurage quantitatif pour les dépots glaciaires et fluvio-glaciaires de ces trois régions glaciaires, on obtint des critères significatifs pour les régions limitrophes de chaque côté du point de suture. Il en résulta des différences très claires concernant la teneur en cristal ainsi que le rapport Ca/Mg.

2. Outre les trois emplacements glaciaires marginaux les plus étendus de la dernière glaciation, connus depuis longtemps, on observa dans ces trois régions glaciaires d'autres moraines reculantes dont leur connection peut être constatée grâce aux terrasses de cailloutis accumulées par les eaux de fonte communes aux trois glaciers. Il devient évident en même temps que le procédé de recul est le même pour chacun des trois glaciers, sauf un décalage de phase au commencement du recul.

3. La moraine W I que J. KNAUER (1935) considéra comme aplatie et dégrossie se trouve être une moraine terminale de la première phase de recul dans la région du glacier de la Loisach. En ce qui concerne la moraine de Weilheim, on peut prouver qu'il s'agit d'une véritable formation de recul et qu'elle est du même âge que la moraine de Böbing.

4. Le détournement de l'Ammer vers le bassin en forme de langue du glacier de la Loisach, alors débarrassé des glaces, se produisit déjà pendant la période glaciaire de déclin. Ce changement de cours peut servir d'exemple pour retourner le courant centrifuge en courant centripète de nombreuses rivières des Préalpes.

# Literaturverzeichnis

BAYBERGER, F.: Einiges zur Entstehungs- und Entwicklungsgeschichte der Flüsse von Südbayern. – In: Zeitschr. f. Realschulwesen, H. 3 u. 4, 1912

BÜDEL, J.: Die Klimaphasen der Würmeiszeit. In: Die Naturwissenschaften 37, 1950

BÜDEL, J.: Die Gliederung der Würmkaltzeit. In: Würzb. Geogr. Arb., H. 8, Würzburg 1960

BÜDEL, J.: „Die beiden interstadialen Würmböden in Südbayern". – In: Eiszeitalter u. Gegenwart 13, 1962, S. 227–230

DIEZ, Th.: Die würm- und postwürmglazialen Terrassen des Lechs und ihre Bodenbildungen. – In: Eiszeitalter u. Gegenwart 19, Öhringen 1968, S. 102–128

EBERL, B.: Die Eiszeitenfolge im nördlichen Alpenvorland, Augsburg 1930

EBERL, B.: Zur Gliederung und Zeitrechnung des alpinen Glazials. – In: Zeitschr. Dt. Geol. Ges. 80, 1928 Mon. Ber. S. 107–117

EBERS, E.: Hauptwürm, Spätwürm, Frühwürm und die Frage der älteren Würmschotter. – In: Eiszeitalter u. Gegenwart 6, Öhringen 1955, S. 96–109

FLIRI, F.: Statistik und Diagramm. – In: Das Geographische Seminar – Praktische Arbeitsweisen, Braunschweig 1969

FLIRI, F., BORTENSCHLAGER, S., FELBER, H., HEISSEL, W., HILSCHER, H., RESCH, W.: Der Bänderton von Baumkirchen (Inntal, Tirol) – eine neue Schlüsselstelle zur Kenntnis der Würm-Vereisung der Alpen. – In: Zeitschr. f. Gletscherkunde u. Glazialgeologie, 6. H. 1/2 Innsbruck 1970, S. 5–35

FLIRI, F., HILSCHER, H., MARKGRAF, V.: Weitere Untersuchungen zur Chronologie der alpinen Würm-Vereisung (Bänderton von Baumkirchen, Inntal, Nordtirol). – In: Zeitschr. f. Gletscherkunde u. Glazialgeologie, 7. H. Innsbruck 1971

FLORIN, M., WRIGHT, H. E.: Diatom Evidence for the Persistence of Stagnant Glacial Ice in Minnesota. – In: Geological Society of America Bulletin, v. 80, 1969, p. 695–704

GANSS, O., SCHMIDT-THOME, P.: Die gefaltete Molasse in Bayern. – In: Zeitschr. Dt. Geol. Ges. 105, 1963, S. 402–495

GERMAN, R.: Zur Geologie des Lechvorlandgletschers. – In: J. ber. u. Mitt. Oberrh. Geol. Ver., N. F. 44, Stuttgart 1962, S. 61–83

GRAUL, H.: Zur Gliederung der Würmeiszeit im Illergebiet. – In: Geolog. Bav. 18, München 1953, S. 13–48

GRAUL, H.: Sind die Jungendmoränen im nördlichen Alpenvorland gleichaltrig? – In: Geomorphologische Studien, Machatchek-Festschrift, Pet. Mitt. Erg. H. 261, Gotha 1957, S. 209–212

GRIPP, K.: Müssen gewisse jungzeitliche Endmoranenzüge im nördlichen Alpenvorland und in Norddeutschland als vom Eise überfahren angesehen werden? – In: Mitt. d. Geogr. Ges. u. d. Naturhistor. Museums zu Lübeck, H. 40, Lübeck 1940

HASELOFF, O. W., HOFFMANN, H. J.: Kleines Lehrbuch der Statistik, Berlin 1968

HÖFLE, H. Ch.: Die Molasse der Murnauer Mulde und das Glazial im Alpenvorland nördlich vom Ammergebirge, Unveröff. Diplomarb., Freie Universität Berlin, Berlin 1968

HÖFLE, H. Ch.: Ein neues Interstadialvorkommen im Ammergebirgsvorland (Obb.). – In: Eiszeitalter und Gegenwart 20, Öhringen 1969, S. 111–115

HOFMANN, S.: Landschaftskunde des Lech-Ammergebietes, Weilheim 1932

HÖVERMANN, J., POSER, H.: Morphometrische und morphologische Schotteranalysen. — In: Proceedings of the Third Int. Congr. of Sedimentology, Groningen 1951

KAISER, K.: Zur Frage der Würm-Gliederung durch einen „Mittelwürm-Boden" im nördlichen Alpenvorland bei Murnau. — In: Eiszeitalter u. Gegenwart 14, Öhringen 1963, S. 208—215.

KLEBELSBERG, R. v.: Glazialgeologische Notizen vom bayrischen Alpenrand I. Zwischen Ammer u. Lech II. Die Mündung des Lechtales auf das Alpenvorland. — In: Zeitschr. f. Gletscherkunde, Bd. 7, 1913, S. 226—259

KLEBELSBERG, R. v.: Glazialgeologische Notizen vom bayrischen Alpenrande III. Der Ammergau u. sein glaziales Einzugsgebiet. — In: Zeitschr. f. Gletscherkunde, Bd. 8, 1914, S. 226—243

KLEBELSBERG, R. v.: Handbuch der Gletscherkunde u. Glazialgeologie, Wien 1949

KNAUER, J.: Erl. z. Bl. München-West d. Geogn. Karte v. Bayern 1:100000, Teilblatt Landsberg, München 1929 und Teilblatt München-Starnberg, München 1931

KNAUER, J.: Die Ablagerungen der älteren Würmeiszeit (Vorrückungsphase) im süddeutschen und norddeutschen Vereisungsgebiet. — In: Abh. d. geolog. Landesuntersuchung am Bayerischen Oberbergamt 21, 1935

KNAUER, J.: Widerlegung der Einwendungen C. TROLLs gegen die Vorrückungsphase d. Würmeiszeit. — In: Mitt. Geogr. Ges. in München 30, 1937

KNAUER, J.: Zur Theorie der „überfahrenen" Würmendmoränen. — In: Mitt. Reichsst. f. Bodenforschung, Zweigst. München, Heft 37, 1942

KNAUER, J.: Der gegenwärtige Stand der Eiszeitforschung im südbayerischen Gebiet. — In: Forsch. u. Fortschr. 18, 1942

KNAUER, J.: Über das Bühlstadium bzw. Ammersee- u. Stephanskirchner Stadium im Inn- u. Isargletscher-Gebiet Südbayerns. — In: Jahrbuch d. Reichsst. f. Bodenforschung für 1942, 63 Bd., Berlin 1944

KNAUER, J.: Diluviale Talverschüttung u. Epigenese im südlichen Bayern. — In: Geolog. Bav. 11, München 1952

KNAUER, J.: Die Zweiteilung der Würmeiszeit im nördlichen Alpenvorlande. (Zur Abhandlung von C. RATHJENS) — In: Pet. Geogr. Mitt., Gotha 1953

KNAUER, J.: Über die zeitliche Einordnung der Moränen „Zürich Phase" im Reußgletschergebiet. — In: Geogr. Helvet. 2, 1954

KOHL, F.: Der nichtkarbonatische Anteil in südbayerischen Schottern und deren Böden. — In: Geolog. Bav. 55, München 1965, S. 360—371

KÖSTER, E., LESER, H.: Geomorphologie I — In: Das Geographische Seminar — Praktische Arbeitsweisen, Braunschweig 1967

KRAUS, E.: Zur Zweigliederung der südbayerischen Würmeiszeit durch eine Innerwürm-Verwitterungsperiode — In: Eiszeitalter u. Gegenwart 6, Öhringen 1955, S. 75—93

KRAUS, E. C.: Die beiden interstadialen Würmböden in Südbayern. — In: Eiszeitalter u. Gegenwart 12, Öhringen 1961/62, S. 43—58

KRAUS, E. C.: Herr J. BÜDEL und die Gliederung der Würmeiszeit. — In: Eiszeitalter u. Gegenwart 13, Öhringen 1962, S. 227—230

KUHNERT, H., HÖFLE, H. Ch.: Erläuterungen zur Geologischen Karte 1:25000 von Bayern, Blatt Bayersoien, München 1969

LESER, H.: Geomorphologie II. — In: Das Geographische Seminar — Praktische Arbeitsweisen, Braunschweig 1968

MARSAL, D.: Statistische Methoden für Erdwissenschaftler, Stuttgart 1967

MICHELER, A.: Verwitterungshorizont der Würm I-Phase bei Ob im Wertach-Gletschergebiet. — In: Bericht naturr. Ges. Augsburg, 1948

OBERRHEINISCHER GEOLOGISCHER VEREIN: Exkursionsführer der 83. Tagung des Oberrh. Geol. Vereins in Füssen

PENCK, A.: Die Vergletscherung der deutschen Alpen, Berlin 1882

PENCK, A.: Ablagerungen und Schichtstörungen der letzten Interglazialzeit in den nördlichen Alpen. — In: Sitz. Ber. Preuß. Akad. d. Wiss., math.-physik. Kl. XX, 1921/22

PENCK, A.: Rückzug der letzten Vergletscherung. — In: Erdkunde, Bd. 7, 1947, S. 182—184

PENCK, A., BRÜCKNER, E.: Die Alpen im Eiszeitalter, Leipzig 1901/09

RATHJENS, C.: Über die Zweiteilung der Würmeiszeit im nördlichen Alpenvorlande. — In: Pet. Geogr. Mitt., Gotha 1951, S. 93—96

RATHJENS, C.: Das Problem der Gliederung des Eiszeitalters in physisch geographischer Sicht. — In: Münchener Geogr. Hefte, Heft 6, 1954

REICHELT, G.: Über Schotterformen und Rundungsgradanalysen als Feldmethode. — In: Pet. Geogr. Mitt., 1961/1, S. 15—24

RICHTER, M.: Morphologie und junge Bewegungen beiderseits vom nördlichen Alpenrand. — In: Zeitschr. f. Geom. VII, Berlin 1931

ROTHPLETZ, A.: Die Osterseen und der Isar-Vorlandgletscher. — In: Landesk. Forsch., Heft 24, München 1917

SCHAEFER, I.: Die Würmeiszeit im Alpenvorland zwischen Riß und Günz, Augsburg 1940

SCHAEFER, I.: Die diluviale Erosion und Akkumulation. — In: Forsch. z. dt. Landeskunde 49, Landshut 1950

SCHAEFER, I., GRAUL, H., BRUNNACKER, K.: Zur Gliederung der Würmeiszeit im nördlichen Alpenvorlande. — In: Geolog. Bav. 18, München 1953

SCHIEMENZ, S.: Fazies und Paläogeographie der Subalpinen Molasse zwischen Bodensee und Isar, Beih. Geol. Jb., 38, Hannover 1960

SCHULZ, H.: Über neuere quantitative Forschungsmethoden in der Geomorphologie. — In: Geogr. Ber. 1, 1965, S. 53—64

SCHROEDER-LANZ, H.: War das Frühwürm W I eine selbständige Kaltzeit? Ein Diskussionsbeitrag zur Würmgliederung. — In: Mitt. d. Geogr. Ges. München, 56. Bd., München 1971, S. 173—184

SIMON, L.: Die Entstehung der voralpinen bayrischen Seen. — In: Forsch. z. bayr. Landeskunde, H. 2, München 1921

SIMON, L.: Der Rückzug des würmeiszeitlichen Allgäu-Vorlandgletschers. — In: Mitt. Geogr. Ges. München, Bd. 19, München 1926, S. 1—37

SIMON, L.: Der jungglaziale Lechbrucker See und die Geschichte seines Verschwindens. — In: Mitt. Geogr. Ges. München, Bd. 22, München 1929, S. 138—154

THUN, R., HERMANN, R., KNICKMANN, E.: Methodenbuch Band 1: Die Untersuchung von Böden, Radebeul und Berlin 1955

TROLL, C.: Die Rückzugsstadien der Würmeiszeit im nördlichen Vorland der Alpen. — In: Mitt. Geogr. Ges. München, Bd. 18, München 1925, S. 281—292

TROLL, C.: Die jungglazialen Schotterfluren im Umkreis der deutschen Alpen. — In: Forsch. z. dt. Lamdes- u. Volkskunde 24,4, Stuttgart 1926, S. 158—256

TROLL, C.: Die Eiszeitenfolge im nördlichen Alpenvorland. — In: Mitt. Geogr. Ges. München, Bd. 24, München 1931, S. 215—226

TROLL, C.: Die sogenannte Vorrückungsphase der Würmeiszeit und der Eiszerfall bei ihrem Rückgang. – In: Mitt. Geogr. Ges. München, Bd. 29, München 1936

TROLL, C.: Die jungeiszeitlichen Ablagerungen des Loisachvorlandes in Oberbayern. – In: Geol. Rundschau 28, 1937, S. 599–611

TROLL, C.: Der Eiszerfall beim Rückgang der alpinen Vorlandgletscher in die Stammbecken. – In: Verhandl. d. III. Int. Quart. Konferenz, Wien 1936, Wien 1938

TROLL, C.: Über Alter und Bildung von Talmäandern. – In: Erdkunde 4, Bonn 1954, S. 286–362

WILHELM, F.: Spuren eines voreiszeitlichen Reliefs am Alpennordsaum zwischen Bodensee und Salzach. – In: Münchner Geogr. Hefte, H. 20, 1961

ZEUNER, F.: Die Schotteranalyse. – In: Geol. Rundschau 24, Berlin 1933, S. 65–104

# Kartenverzeichnis

Topographische Karte 1:25 000,

    Blatt 7930 Buchloe
           7931 Landsberg a. Lech
           8031 Denklingen
           8032 Dießen a. Ammersee
           8131 Schongau
           8132 Weilheim i. O. B.
           8231 Peiting
           8232 Uffing a. Staffelsee
           8331 Bayersoien
           8332 Unterammergau
           8431 Linderhof
           8432 Oberammergau
           Bayerisches Landesvermessungsamt München

Topographische Karte 1:50 000,

    Blatt L 7930 Landsberg a. Lech
           L 7932 Fürstenfeldbruck
           L 8130 Schongau
           L 8132 Weilheim i. O. B.
           L 8330 Peiting
           L 8332 Murnau
           L 8530 Füssen
           L 8532 Garmisch-Partenkirchen
           Bayerisches Landesvermessungsamt München

Topographische Karte 1:50 000, orohydrographische Ausgabe

    Blatt L 7930 Landsberg a. Lech
           L 7932 Fürstenfeldbruck
           L 8130 Schongau
           L 8132 Weilheim i. O. B.
           L 8330 Peiting
           L 8332 Murnau
           Bayerisches Landesvermessungsamt München

Topographische Übersichtskarte 1:200 000,

    Blatt CC 7926 Augsburg
           CC 8726 Kempten
           Bayerisches Landesvermessungsamt München,
           bearbeitet vom Institut für Angewandte Geodäsie, Frankfurt/Main

Geologische Karte von Bayern 1:25 000,

    Blatt 8331 Bayersoien
           8431 Linderhof
           8432 Oberammergau
           Bayerisches Geologisches Landesamt, München 1967/69

Geologische Karte von Bayern 1:100000,

    Blatt 663 Murnau
        Bayerisches Geologisches Landesamt, München 1955

Geologische Übersichtskarte der Süddeutschen Molasse 1:300000,
        Bayerisches Geologisches Landesamt, München 1955

Geologische Karte von Bayern 1:500000,
        Bayerisches Geologisches Landesamt, München 1954 (2. Auflage 1964)

Landkreis Schongau 1:80000,
        Kreissparkasse Schongau

Topographischer Atlas von Bayern
        Karte 105, 106, 107, 108 und 124
        Bayerisches Landesvermessungsamt, München 1968

ROTHPLETZ, A. Karte des Isarvorlandgletschers,
        In: Landeskundl. Forsch., Heft 24, München 1917

SIMON, L. Karte des würmeiszeitlichen Allgäuvorlandgletschers 1:100000,
        In: Mitt. Geogr. Ges. München, Bd. 19, München 1926

# Anhang

|  | Seite |
|---|---|
| Tabelle 1–14 | 82 |
| Abbildung 16 | 90 |
| Bilder | 93 |
| Karte | Beilage |

Tabelle 1: Schotterauszählungen im Peitinger Schotterfeld
(unterschieden nach kristallinen [ohne Quarze] und anderen Bestandteilen)

| Nr. der Stichprobe | | Anzahl der kristallinen Gesteine je 100 m | | | |
|---|---|---|---|---|---|
| | | Aufschluß Schnalz | | Aufschluß Lamprecht | |
| 1 | 16 | 7 | 5 | 0 | 0 |
| 2 | 17 | 3 | 3 | 0 | 1 |
| 3 | 18 | 6 | 1 | 3 | 0 |
| 4 | 19 | 8 | 4 | 1 | 0 |
| 5 | 20 | 3 | 5 | 0 | 1 |
| 6 | 21 | 0 | 1 | 2 | 1 |
| 7 | 22 | 0 | 0 | 1 | 0 |
| 8 | 23 | 2 | 4 | 0 | 1 |
| 9 | 24 | 2 | 3 | 0 | 1 |
| 10 | 25 | 2 | 1 | 1 | 0 |
| 11 | 26 | 4 | 1 | 0 | 0 |
| 12 | 27 | 1 | 2 | 1 | 0 |
| 13 | 28 | 1 | 2 | 1 | 1 |
| 14 | 29 | 2 | 2 | 0 | 2 |
| 15 | 30 | 4 | 3 | 0 | 0 |

Tabelle 2: Statistische Auswertung der Schotteranalysen

| Nr. lt. Tab. | $M_i$ | $s_i$ | $s_i^2$ | $M_i-s_i$ | $M_i+s_i$ | Innerhalb[1] liegen (%) | $M_i-2s_i$ | $M_i+2s_i$ | Innerhalb[2] liegen (%) |
|---|---|---|---|---|---|---|---|---|---|
| 1 | 3,40 | 1,43 | 2,04 | 1,97 | 4,83 | 80 | 0,54 | 6,26 | 95 |
| 2 | 2,73 | 2,18 | 4,75 | 0,55 | 4,91 | 70 | −1,63 | 7,09 | 96,7 |
| 3 | 0,60 | 0,77 | 0,59 | −0,17 | 1,37 | 90 | −0,94 | 2,14 | 96,7 |
| 4 | 0,70 | 0,84 | 0,71 | −0,14 | 1,54 | 85 | −0,98 | 2,38 | 95 |
| 5 | 3,65 | 1,53 | 2,34 | 2,12 | 5,18 | 70 | 0,59 | 6,71 | 90 |
| 6 | 0,80 | 0,95 | 0,91 | −0,15 | 1,75 | 85 | −1,10 | 2,70 | 90 |
| 7 | 3,54 | 1,50 | 2,25 | 2,04 | 5,04 | 70 | 0,54 | 6,54 | 95 |
| 8 | 0,60 | 0,81 | 0,65 | −0,21 | 1,41 | 90 | −1,02 | 2,22 | 95 |
| 9 | 2,15 | 1,38 | 1,92 | 0,77 | 3,53 | 70 | −0,61 | 5,01 | 100 |
| 10 | 0,85 | 0,91 | 0,83 | −0,06 | 1,76 | 90 | −0,97 | 2,67 | 90 |
| 11 | 2,10 | 1,41 | 1,99 | 0,69 | 3,51 | 70 | −0,72 | 4,92 | 95 |
| 12 | 2,05 | 1,39 | 1,94 | 0,66 | 3,44 | 70 | −0,73 | 4,83 | 95 |
| 13 | 2,20 | 1,33 | 1,76 | 0,87 | 3,53 | 75 | −0,46 | 4,86 | 95 |
| 14 | 0,75 | 0,85 | 0,72 | −0,10 | 1,60 | 85 | −0,95 | 2,45 | 95 |

---

[1] Bei Normalverteilung 68,27 %
[2] Bei Normalverteilung 95,45 %

Tabelle 3: t – Wert – Matrix ($t_{ij}$) zur Ermittlung der Abweichungssignifikanz zwischen i-tem und j-tem Mittelwert

| Stichprobenanzahl | ±t | 1 | 2 | 3 | 4 | 5 | 6 | 7 | 8 | 9 | 10 | 11 | 12 | 13 | 14 |
|---|---|---|---|---|---|---|---|---|---|---|---|---|---|---|---|
| 20 | 1  | – | 6,88 | 0,22 | 7,37 | 0,52 | 1,46 | 9,55 | 3,17 | 3,24 | 3,36 | 3,12 | 6,86 | 7,23 | 7,60 |
| 30 | 2  |   | –    | 6,71 | 0,34 | 6,60 | 3,57 | 0,88 | 3,50 | 3,32 | 3,22 | 3,74 | 0,16 | 0,14 | 0,70 |
| 30 | 3  |   |      | –    | 7,20 | 0,29 | 1,42 | 9,35 | 2,97 | 3,04 | 3,18 | 2,92 | 6,67 | 7,05 | 7,52 |
| 20 | 4  |   |      |      | –    | 7,10 | 3,97 | 0,47 | 4,17 | 3,72 | 3,61 | 4,16 | 0,53 | 0,18 | 0,37 |
| 20 | 5  |   |      |      |      | –    | 1,19 | 8,75 | 2,75 | 2,82 | 2,96 | 2,68 | 6,57 | 6,95 | 7,43 |
| 20 | 6  |   |      |      |      |      | –    | 4,12 | 1,03 | 1,09 | 1,21 | 0,93 | 3,58 | 3,80 | 4,03 |
| 20 | 7  |   |      |      |      |      |      | –    | 5,07 | 5,00 | 4,90 | 5,54 | 1,11 | 0,70 | 0,00 |
| 20 | 8  |   |      |      |      |      |      |      | –    | 0,14 | 0,22 | 0,11 | 3,42 | 3,76 | 4,22 |
| 20 | 9  |   |      |      |      |      |      |      |      | –    | 0,11 | 0,22 | 3,25 | 3,57 | 4,03 |
| 20 | 10 |   |      |      |      |      |      |      |      |      | –    | 0,34 | 3,14 | 3,48 | 3,97 |
| 20 | 11 |   |      |      |      |      |      |      |      |      |      | –    | 3,68 | 4,02 | 4,60 |
| 20 | 12 |   |      |      |      |      |      |      |      |      |      |      | –    | 0,35 | 0,89 |
| 20 | 13 |   |      |      |      |      |      |      |      |      |      |      |      | –    | 0,56 |
| 20 | 14 |   |      |      |      |      |      |      |      |      |      |      |      |      | –    |

Erläuterung: Obige Matrix ist so zu lesen, daß in der i-ten Zeile und j-ten Spalte derjenige t-Wert auftaucht, der zu den Mittelwerten $M_i$ und $M_j$ gehört. Die Matrix ($t_{ij}$) ist symmetrisch, so daß die Werte unterhalb der Diagonalen wegfallen können.

Tabelle 4: t-Verteilung (aus; Haseloff/Hoffmann, Kleines Lehrbuch der Statistik, Berlin 1968)

Außerhalb des Intervalls − t bis + t (zweiseitige Hypothese)

| Freiheitsgrad | 20 % | 10 % | 5 % | 2 % | 1 % | 0,5 % |
|---|---|---|---|---|---|---|
| 1 | 3,08 | 6,31 | 12,71 | 31,82 | 63,66 | 127 |
| 2 | 1,89 | 2,92 | 4,30 | 6,97 | 9,93 | 14,1 |
| 3 | 1,64 | 2,35 | 3,18 | 4,54 | 5,84 | 7,45 |
| 4 | 1,53 | 2,13 | 2,78 | 3,75 | 4,60 | 5,60 |
| 5 | 1,48 | 2,02 | 2,57 | 3,37 | 4,03 | 4,77 |
| 6 | 1,44 | 1,94 | 2,45 | 3,14 | 3,71 | 4,32 |
| 7 | 1,42 | 1,90 | 2,37 | 3,00 | 3,50 | 4,03 |
| 8 | 1,40 | 1,86 | 2,31 | 2,90 | 3,36 | 3,83 |
| 9 | 1,38 | 1,83 | 2,26 | 2,82 | 3,25 | 3,69 |
| 10 | 1,37 | 1,81 | 2,23 | 2,76 | 3,17 | 3,58 |
| 11 | 1,36 | 1,80 | 2,20 | 2,72 | 3,11 | 3,50 |
| 12 | 1,36 | 1,78 | 2,18 | 2,68 | 3,06 | 3,43 |
| 13 | 1,35 | 1,77 | 2,16 | 2,65 | 3,01 | 3,37 |
| 14 | 1,35 | 1,76 | 2,15 | 2,62 | 2,98 | 3,33 |
| 15 | 1,34 | 1,75 | 2,13 | 2,60 | 2,95 | 3,29 |
| 16 | 1,34 | 1,75 | 2,12 | 2,58 | 2,92 | 3,25 |
| 17 | 1,33 | 1,74 | 2,11 | 2,57 | 2,90 | 3,22 |
| 18 | 1,33 | 1,73 | 2,10 | 2,55 | 2,88 | 3,20 |
| 19 | 1,33 | 1,73 | 2,09 | 2,54 | 2,86 | 3,17 |
| 20 | 1,33 | 1,73 | 2,09 | 2,53 | 2,85 | 3,15 |
| 21 | 1,32 | 1,72 | 2,08 | 2,52 | 2,83 | 3,14 |
| 22 | 1,32 | 1,72 | 2,07 | 2,51 | 2,82 | 3,12 |
| 23 | 1,32 | 1,71 | 2,07 | 2,50 | 2,81 | 3,10 |
| 24 | 1,32 | 1,71 | 2,06 | 2,49 | 2,80 | 3,09 |
| 25 | 1,32 | 1,71 | 2,06 | 2,49 | 2,79 | 3,08 |
| 30 | 1,31 | 1,70 | 2,04 | 2,46 | 2,75 | 3,03 |
| 40 | 1,30 | 1,68 | 2,02 | 2,42 | 2,70 | 2,97 |
| 60 | 1,30 | 1,67 | 2,00 | 2,39 | 2,66 | 2,91 |
| 120 | 1,29 | 1,66 | 1,98 | 2,36 | 2,62 | 2,86 |
| ∞ (t = z) | 1,28 | 1,64 | 1,96 | 2,33 | 2,58 | 2,81 |
| | 10 5 | 5 % | 2,5 % | 1 % | 0,5 % | 0,25 % |

Oberhalb + t (einseitige Hypothese)

Tabelle 5: <u>Signifikanz</u> − Matrix zur Prüfung der Nullhypothese, wonach zwei Mittelwerte $M_i$ und $M_j$ aus ein- und derselben Gesamtpopulation stammen.

| Freiheits-grade | | 19 | 29 | 29 | 19 | 19 | 19 | 19 | 19 | 19 | 19 | 19 | 19 | 19 | 19 |
|---|---|---|---|---|---|---|---|---|---|---|---|---|---|---|---|
| Freiheits-grade | Signifik. auf % Niveau | 1 | 2 | 3 | 4 | 5 | 6 | 7 | 8 | 9 | 10 | 11 | 12 | 13 | 14 |
| 19 | 1 | − | 0,5 | x | 0,5 | x | x | 0,5 | 0,5 | 0,5 | 0,5 | 0,5 | 0,5 | 0,5 | 0,5 |
| 29 | 2 |   | − | 0,5 | x | 0,5 | 0,5 | x | 0,5 | 0,5 | 0,5 | 0,5 | x | x | x |
| 29 | 3 |   |   | − | 0,5 | x | x | 0,5 | 0,5 | 0,5 | 0,5 | 1 | 0,5 | 0,5 | 0,5 |
| 19 | 4 |   |   |   | − | 0,5 | 0,5 | x | 0,5 | 0,5 | 0,5 | 0,5 | x | x | x |
| 19 | 5 |   |   |   |   | − | x | 0,5 | 1 | 1 | 1 | 2 | 0,5 | 0,5 | 0,5 |
| 19 | 6 |   |   |   |   |   | − | 0,5 | x | x | x | x | 0,5 | 0,5 | 0,5 |
| 19 | 7 |   |   |   |   |   |   | − | 0,5 | 0,5 | 0,5 | 0,5 | x | x | x |
| 19 | 8 |   |   |   |   |   |   |   | − | x | x | x | 0,5 | 0,5 | 0,5 |
| 19 | 9 |   |   |   |   |   |   |   |   | − | x | x | 0,5 | 0,5 | 0,5 |
| 19 | 10 |   |   |   |   |   |   |   |   |   | − | x | 0,5 | 0,5 | 0,5 |
| 19 | 11 |   |   |   |   |   |   |   |   |   |   | − | 0,5 | 0,5 | 0,5 |
| 19 | 12 |   |   |   |   |   |   |   |   |   |   |   | − | x | x |
| 19 | 13 |   |   |   |   |   |   |   |   |   |   |   |   | − | x |
| 19 | 14 |   |   |   |   |   |   |   |   |   |   |   |   |   | − |

Erläuterung: Mit Hilfe der t-Wert Matrix und Tabelle 4 lassen sich die Signifikanzen in obiger Matrix eingetragen. Dabei bedeuten die Zahlenangaben, daß die Abweichung der beiden Mittelwerte auf dem 0,5, 1, 2%-Niveau signifikant ist, d.h. die Zurückweisung der Nullhypothese hat eine Irrtumswahrscheinlichkeit von 0,5, 1 bzw. 2%. Bei den mit x bezeichneten Feldern ist die Irrtumswahrscheinlichkeit größer als 20%.

Tabelle 6: Korngrößenanalysen in den Schottern der Peiting-Schongauer Terrasse (Stufe 5) (vgl. Abb. 2)

| Korngröße (mm) | Anteil (%) in | | | |
|---|---|---|---|---|
| | Aufschluß Böbing | Aufschluß Schnalz | Aufschluß Gemeinde-Kiesgrube Peiting | Aufschluß Ellighofen |
| > 40 | 26 | 17 | 18 | 12 |
| 20 −40 | 20 | 24 | 24 | 30,5 |
| 10 −20 | 16 | 20 | 17 | 23 |
| 5 −10 | 11,5 | 16 | 15 | 13,5 |
| 2 − 5 | 8 | 10,6 | 9,1 | 6,8 |
| 1 − 2 | 5,85 | 7,8 | 10,7 | 4,1 |
| 0,5 − 1 | 7,9 | 3,4 | 4,9 | 9,4 |
| 0,25− 0,5 | 4,45 | 1 | 1,1 | 0,5 |
| 0,15− 0,25 | 0,2 | 0,1 | 0,1 | 0,1 |
| <0,15 | 0,1 | 0,1 | 0,1 | 0,1 |

Tabelle 7: Zurundungsmessungen in den Schottern der Peiting-Schongauer Terrasse (Stufe 5) (vgl. Abb. 2)

| Rundungsklassen nach REICHELT (1961) | Anteil (%) an Kalkgeröllen > 20 mm | | | |
|---|---|---|---|---|
| | Aufschluß Böbing | Aufschluß Schnalz | Aufschluß Gemeinde-Kiesgrube Peiting | Aufschluß Ellighofen |
| kantig (a) | 13 | 3 | 1 | 0 |
| kantengerundet (b) | 36 | 49 | 30 | 23 |
| gerundet (c) | 31 | 32 | 47 | 42 |
| stark gerundet (d) | 20 | 16 | 22 | 35 |

Tabelle 8: Ergebnisse der Schotterauszählungen im Bereich der Lechterrassen

| Nr. | Standort Lage | Meßtischblatt | Terrassenstufe nach DIEZ (1968) | Von welchem Gletscher kam das Material | Anteil (%) des Kristallins Mittelwert $M_i$ | $\dfrac{\text{Karbonat}}{\text{Nichtkarbonat}}$ (%) |
|---|---|---|---|---|---|---|
| 1 | Kiesgrube Klaftmühle | 8131 Schongau R 20460 H 05600 | 1 | Loisach | 3,65 | — |
| 2 | Aufschl. Sohle | 8131 Schongau R 16800 H 07270 | 1 | Lech | 0,8 | — |
| 3 | Lustberghof Oberfl. | | 1 | Loisach | 3,54 | — |
| 4 | Kiesgr. Hafenmeier Hohenfurch | 8131 Schongau R 17200 H 01250 | 3 | Lech | 0,7 | 75,2 : 24,8 |
| 5 | Kiesgr. Böbing/ Wimpes | 8231 Peiting R 22900 H 90075 | 5 | Loisach | 3,4 | 62,1 : 37,9 |
| 6 | Kiesgr. Schnalz | 8231 Peiting R 21240 H 93050 | 5 | Loisach/Ammer | 2,73 | 68,3 : 31,7 |
| 7 | Kiesgr. Lamprecht | 8231 Peiting R 17910 H 92250 | 5 | Lech | 0,6 | — |
| 8 | Aufschluß Ellighofen | 7931 Landsberg R 14370 H 18900 | 5 | Lech/Loisach Ammer | 2,15 | — |
| 9 | Aufschl. Eichkapelle Erpfting | 7931 Landsberg R 13400 H 21650 | 5 | Lech/Loisach Ammer | 2,10 | — |
| 10 | Kiesgr. Marienhof | 7930 Buchloe R 12050 H 24150 | 5 | Lech/Loisach Ammer | 2,05 | 71,8 : 28,2 |
| 11 | Kiesgr. Neukaufering | 7931 Landsberg R 13650 H 27600 | 5 | Lech/Loisach Ammer | 2,2 | — |
| 12 | Aufschl. Lechrainkaserne | 7931 Landsberg R 14900 H 19050 | 6 | Lech | 0,85 | — |
| 13 | Aufschl. Siedlung Schwaighof | 7931 Landsberg R 15400 H 26200 | 8 | Lech | 0,75 | — |
| 14 | Auschl. Seestall | 8031 Denklingen R 15200 H 14850 | 9 | Lech | 0,6 | — |

Tabelle 9: Verzeichnis der Terrassenreste der Altenauer Stufe (vgl. Karte)

| Bezeichnung des Terrassenrestes nach ausgewählten Lokalitäten: | Genaue Lage des Terrassenrestes | Höhenlage eines mittl. Punktes in m NN |
|---|---|---|
| „Altenau" | Ort Altenau | 840 |
| „Eckwiesen" | 500 m südwestlich von Eckwiesen | 815 |
| „Kreut" | 250 m östlich von Kreut | 810 |
| „Soiermühle" | 250 m nördlich von Soiermühle | 800 |
| „Murgenbach" | 500 m südöstlich von Murgenbach | 790 |
| „Gschwendt" | 500 m westlich von Gschwendt | 780 |
| „Echelsbach" | am nördlichen Ostrand von Echelsbach | 769 |
| „Ammermühle" | südwestlich über Ammermühle | 736 |
| „Rottenbuch" | unmittelbar am nördlichen Ortsrand von Rottenbuch | 733 |
| „Wimpes" | 750 m nordwestlich von Wimpes | 730 |
| „Schweinberg" | am östlichen Abhang des Schweinberg | |

Tabelle 10: Ergebnisse der Schotteranalysen und chemischen Untersuchungen zur Abgrenzung der drei Gletschergebiete:

| NR | Standort Lage | Standort Meßtischblatt | Geologische Stellung | Anteil (%) des Kristallins Mittelwert $M_i$ | $\dfrac{\text{Karbonat}}{\text{Nichtkarbonat}}$ (%) (nach Meth. Scheibler) | Ca-Mg-Verhältnis (nach Komplexon-Methode) |
|---|---|---|---|---|---|---|
| 1 | Kiesgr. Wurmansau | 8332 U-ammergau R 27000 H 78800 | Ufermoräne des Ammergl. (Äuß. Altenauer Randlage) | 1,2 | 72,0 : 28,0 | 2,38 : 1 |
| 2 | Kiesgr. Altenau | 8332 U-ammergau R 26300 H 79110 | Endmoräne des Ammergl. (Inn. Altenauer Randlage) | 1,0 | 74,1 : 25,9 | 2,51 : 1 |
| 3 | Aufschl. Eckbühl Bayersoien | 8331 Bayersoien R 24500 H 84350 | Endmoräne des Ammergl. (Bayersoiener Randlage) | 1,0 | 73,2 : 26,8 | 2,34 : 1 |
| 4 | Kiesgr. Straubenbach | 8331 Bayersoien R 19520 H 83720 | Endmoräne des Ammergl. (Wessobrunner Randlage) | 1,5 | 72,4 : 27,6 | 2,43 : 1 |
| 5 | Baugrube Böbing | 8231 Peiting R 24440 H 91370 | Endmoräne des Loisachgl. (Weilheimer Randlage) | 3,9 | 60,3 : 39,7 | 3,20 : 1 |
| 6 | Kiesgrube Böbing/ Wimpes | 8231 Peiting R 22900 H 90075 | Schotterfeld des Loisachgl. (Stufe 5) | 3,4 | 62,1 : 37,9 | 3,35 : 1 |
| 7 | Kiesgr. Schnalz | 8231 Peiting R 21240 H 93050 | Schotterfeld des Loisach- und Ammergl. (Stufe 5) | 2,73 | 68,3 : 31,7 | 3,12 : 1 |
| 8 | Kiesgr. Marienhof | 7930 Buchloe R 12050 H 24150 | Schotterfeld des Lech-, Loisach- und Ammergl. (Stufe 5) | 2,05 | 71,8 : 28,2 | 2,95 : 1 |
| 9 | Kiesgr. Hafenmeier Hohenfurch | 8131 Schongau R 17200 H 01250 | Schotterfeld des Lechgl. (Stufe 3) | 0,7 | 75,2 : 24,8 | 2,84 : 1 |
| 10 | Aufschl. Siedlung Schwaighof | 7931 Landsberg R 15400 H 26200 | Schotterfeld des Lechgl. (Stufe 8) | 0,75 | 70,4 : 29,6 | 2,73 : 1 |
| 11 | Aufschl. Schwarzenbach | 8331 Bayersoien R 18200 H 83720 | Endmoräne des Lechgl. (Tannenberger Randlage) | 0,8 | 76,1 : 23,9 | 2,90 : 1 |

Tabelle 11: Morphometrische Messungen im Aufschluß Schönberg (Liegendschotter) (vgl. Abb. 6)

a) Zurundungsmessungen

| Rundungsklassen | kantig | kantengerundet | gerundet | stark gerundet |
|---|---|---|---|---|
| Anteil (%) an Kalkgeröllen > 20 mm | 10 | 53 | 27 | 10 |

b) Einregelung der Steine > 20 mm Durchmesser

| Quadranten | | | | | | | | | | |
|---|---|---|---|---|---|---|---|---|---|---|
| links | | | rechts | | | Summe | | | | |
| III | II | I | I | II | III | I | II | III | IV |
| 6 | 15 | 19 | 28 | 24 | 8 | 47 | 39 | 14 | 36 |

Tabelle 12: Einregelungsmessungen in der Schmauzenberg Moräne (vgl. Abb. 7)

Einregelung der Steine > 20 mm Durchmesser

| | Quadranten | | | | | | | | | |
|---|---|---|---|---|---|---|---|---|---|---|
| | links | | | rechts | | | Summe | | | |
| | III | II | I | I | II | III | I | II | III | IV |
| In den flachliegenden Sedimenten | 8 | 21 | 26 | 20 | 13 | 12 | 46 | 34 | 20 | 38 |
| Im Bereich der Sattelstrukturen | 14 | 19 | 20 | 17 | 19 | 11 | 37 | 38 | 25 | 40 |

Tabelle 13: Zurundungsmessungen im Aufschluß Böbing (vgl. Abb. 12)

| Rundungsklassen nach REICHELT (1961) | Anteil (%) an Kalkgeröllen > 20 mm im Bereich der | |
|---|---|---|
| | Schotter | Liegendmoräne |
| kantig (a) | 13 | 35 |
| kantengerundet (b) | 36 | 39 |
| gerundet (c) | 31 | 22 |
| stark gerundet (d) | 20 | 4 |

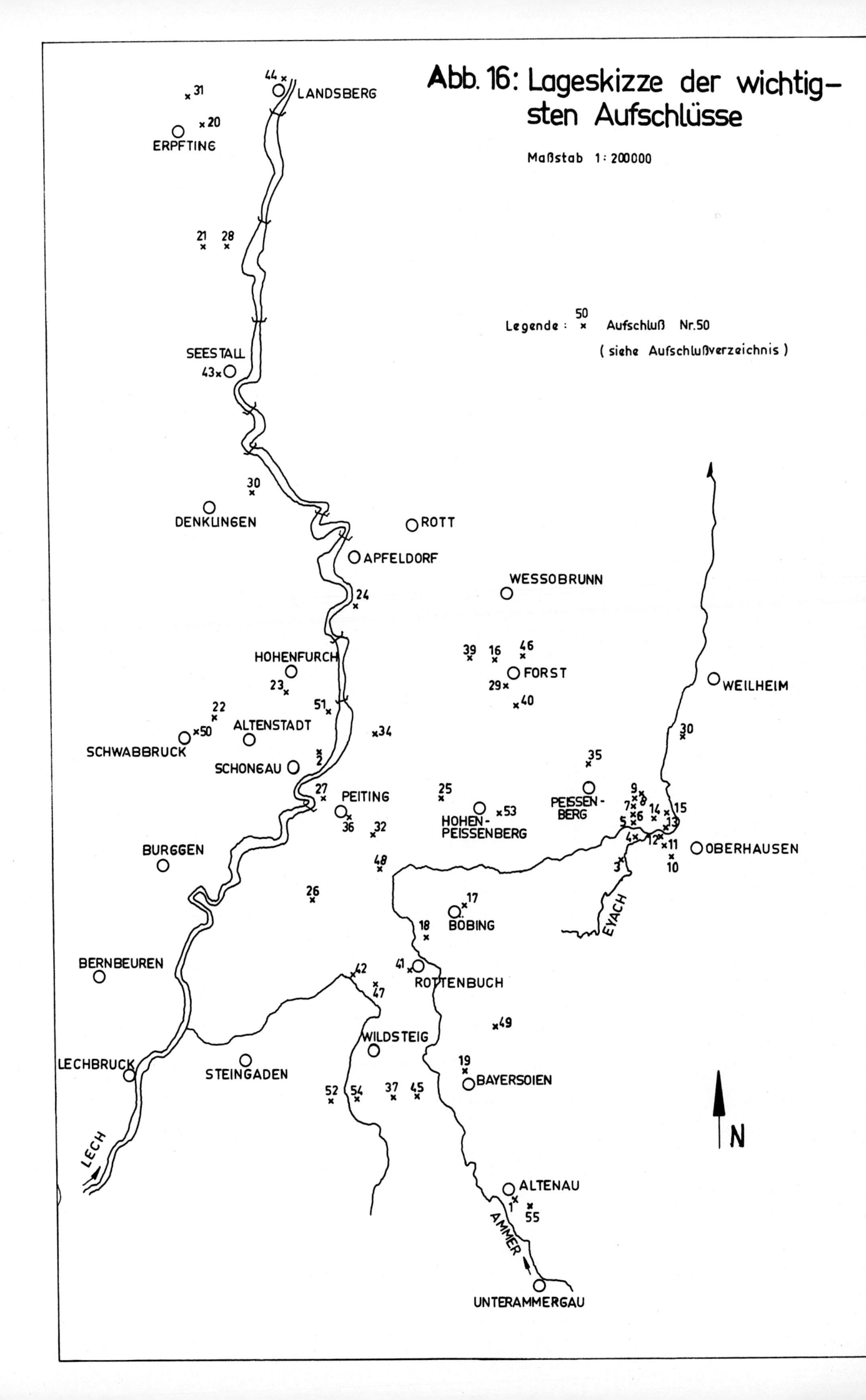

**Abb. 16: Lageskizze der wichtigsten Aufschlüsse**

Maßstab 1 : 200000

Legende: ×⁵⁰ Aufschluß Nr. 50
(siehe Aufschlußverzeichnis)

Tabelle 14: Aufschlußverzeichnis

(Abkürzungen: AS = Aufschluß, KG = Kiesgrube, BG = Baugrube, B = Bohrung)

| Nr. | | Lage | Meßtischblatt | Rechtswert | Hochwert |
|---|---|---|---|---|---|
| 1 | KG | Altenau | 8332 Unterammergau | 26300 | 79110 |
| 2 | AS | Berlachberg | 8131 Schongau | 19000 | 98900 |
| 3 | B | BHS 49 | 8132 Weilheim | 31600 | 93250 |
| 4 | B | BHS Auf dem Alta | 8132 Weilheim | 31850 | 94200 |
| 5 | B | BHS 48 | 8132 Weilheim | 31900 | 94800 |
| 6 | B | BHS 50 | 8132 Weilheim | 31900 | 94850 |
| 7 | B | BHS 45 | 8132 Weilheim | 32020 | 95200 |
| 8 | B | BHS 46 | 8132 Weilheim | 32140 | 95375 |
| 9 | B | BHS 41 | 8132 Weilheim | 32200 | 95450 |
| 10 | B | BHS 38 | 8132 Weilheim | 33500 | 93200 |
| 11 | B | BHS 25 | 8132 Weilheim | 33300 | 93875 |
| 12 | B | BHS 27 | 8132 Weilheim | 33250 | 94250 |
| 13 | B | BHS 29 | 8132 Weilheim | 33250 | 94350 |
| 14 | B | BHS 36 | 8132 Weilheim | 33050 | 94725 |
| 15 | B | BHS 40 | 8132 Weilheim | 33675 | 94850 |
| 16 | AS | Bichl | 8132 Weilheim | 26750 | 02000 |
| 17 | BG | Böbing | 8231 Peiting | 24440 | 91370 |
| 18 | KG | Böbing/Wimpes | 8231 Peiting | 22900 | 90075 |
| 19 | AS | Eckbühl Bayersoien | 8331 Bayersoien | 24500 | 84350 |
| 20 | AS | Eichk. Erpfting | 7931 Landsberg | 13400 | 21650 |
| 21 | AS | Ellighofen | 7931 Landsberg | 14370 | 18900 |
| 22 | AS | Gabel. Schwabbr. | 8131 Schongau | 14350 | 99900 |
| 23 | KG | Haf. Hohenfurch | 8131 Schongau | 17200 | 01250 |
| 24 | KG | Klaftmühle | 8131 Schongau | 20460 | 05600 |
| 25 | BG | Klausen | 8131 Schongau | 25000 | 96350 |
| 26 | KG | Lamprecht | 8231 Peiting | 17910 | 92250 |
| 27 | AS | Lechhalde Peiting | 8231 Peiting | 18625 | 96100 |
| 28 | AS | Lechrainkaserne | 7931 Landsberg | 14900 | 19050 |
| 29 | AS | Linden | 8132 Weilheim | 27300 | 00900 |
| 30 | AS | Lustberghof | 8131 Schongau | 16800 | 07270 |
| 31 | KG | Marienhof | 7930 Buchloe | 12050 | 24150 |
| 32 | B | Moralt Peiting | 8231 Peiting | 21000 | 93050 |
| 33 | KG | Neukaufering | 7931 Landsberg | 13650 | 27600 |
| 34 | AS | Oberobland | 8131 Schongau | 20830 | 99220 |
| 35 | BG | Peißenberg Nord | 8132 Weilheim | 30400 | 96825 |
| 36 | KG | Peiting | 8231 Peiting | 20925 | 95475 |
| 37 | AS | Perau | 8331 Bayersoien | 21075 | 83475 |
| 38 | B | Polling 1 und 3 | 8132 Weilheim | 34775 | 98250 |
| 39 | BG | Puitlgraf | 8132 Weilheim | 25450 | 02000 |
| 40 | AS | Rohrmoos | 8132 Weilheim | 27400 | 00500 |
| 41 | KG | Rottenbuch | 8231 Peiting | 22350 | 89175 |
| 42 | AS | Rudersau | 8231 Peiting | 19300 | 88875 |
| 43 | AS | Seestall | 8031 Denklingen | 15200 | 14850 |
| 44 | KG | Siedlung Schwaigh. | 7931 Landsberg | 15400 | 26200 |
| 45 | AS | Schachen | 8331 Bayersoien | 22250 | 83575 |
| 46 | AS | Schlittbach | 8132 Weilheim | 26825 | 02500 |
| 47 | KG | Schmauzenberg | 8231 Peiting | 20925 | 88400 |
| 48 | KG | Schnalz | 8231 Peiting | 21240 | 93050 |
| 49 | AS | Schönberg | 8231 Peiting | 25100 | 86750 |
| 50 | KG | Schwabbruck | 8131 Schongau | 12950 | 99700 |
| 51 | AS | Schwalbenstein | 8131 Schongau | 19350 | 00375 |
| 52 | AS | Schwarzenbach | 8331 Bayersoien | 18200 | 83720 |
| 53 | BG | Steinfall | 8232 Uffing | 25950 | 95450 |
| 54 | KG | Straubenbach | 8331 Bayersoien | 19520 | 83720 |
| 55 | KG | Wurmansau | 8332 Unterammergau | 27000 | 78800 |

Bild 1: Das Ammerknie bei Peiting (16. 10. 1970)
(Standpunkt am nördlichen Ammerufer, ca. 30 m über dem Flußspiegel, Blick nach S)

Die Ammer biegt von S kommend im rechten Winkel Richtung Peißenberg ab. Betonverbauungen hindern den Fluß an einer weiteren Ausgestaltung des Knies. Die Ammer führt auch heute noch sehr viel Geröll mit, das dann bei Niedrigwasser in Form von ausgedehnten Kiesbänken zur Ablagerung kommt.

Bild 2: Das Peitinger Trockental (12. 5. 1973)
(Standpunkt am Nordabhang des Schnaidberg bei der Talstation des Skilifts Schuster, Blick nach N)

Das Peitinger Trockental erstreckt sich auf einer Breite von ca. 1,5 km. Die im Bild deutlich erkennbare Schotterebene muß ihrem Niveau nach der Peiting-Schongauer Stufe (5) zugeordnet werden. Der im Hintergrund und am linken Bildrand sichtbare Bauernhof liegt bereits auf der höheren Terrasse (Stufe 4), die sich bis an den Ortsrand von Peiting erstreckt. Im Hintergrund treten die riedelartigen bewaldeten Aufragungen des Liberalswaldes (links) und des Pürschwaldes (rechts) — aus vorhauptwürmzeitlichen Schottern aufgebaut — in Erscheinung. Der dazwischenliegende Einschnitt resultiert aus dem gemeinsamen Durchbruch der Schmelzwässer des Lech-, Loisach- und Ammergletschers.

Bild 3: Die Altenauer Terrasse bei Wimpes (18. 10. 1970)
(Standpunkt 100 m nordwestlich des Aufschlusses Böbing/Wimpes, Blick nach S)

Im Vordergrund erstreckt sich ein erhalten gebliebener Rest der Terrassenfläche der Altenauer Stufe. Der gut ausgebildete Terrassenhang führt hinauf zum Böbinger Schotterfeld, welches zur Peiting-Schongauer Stufe (5) zu rechnen ist. Der im Hintergrund sich abzeichnende Aufschluß (Nr. 18, siehe Aufschlußverzeichnis) gewährt Einblick in die innere Struktur und Zusammensetzung der Schotter aus dem Loisachgletschergebiet.

Bild 4: Der Übergangskegel der Altenauer Terrasse (12. 5. 1973)
(Standpunkt auf der östlichen Ufermoräne der Inneren Altenauer Randlage, unmittelbar über der alten Straße Altenau–Unterammergau, Blick nach NW)

Das ehemalige Zungenbecken des Ammergletschers wird südlich von Altenau von einem Moränenwall umschlossen, welcher im Bild durch die dunkle Fichtenreihe im linken Mittelgrund nachgezeichnet wird. Die Fortsetzung bildet die Ufermoräne, deren Abhang am rechten Bildrand gerade noch sichtbar ist. Jenseits der Straße und der Bahnlinie sind am linken Bildrand die Ausläufer des Ammergauer Moores zu erkennen. Der Ort Altenau selbst liegt auf dem Übergangskegel der Altenauer Terrasse. Ein Teil des Endmoränenkranzes der Äußeren Altenauer Randlage hebt sich am rechten Hintergrund ab.

Bild 5: Aufschluß Schmauzenberg (5. 11. 1970)
(Standpunkt unmittelbar an der Straße Rottenbuch–Rudersau, Blick nach W)

Die Kiesgrube wurde im Bereich der Schmauzenberg Moräne (vgl. Karte) angelegt, deren teilweise bewaldete Kuppen im Hintergrund sichtbar sind. In der Aufschlußwand ist eine leicht nach NE einfallende Schichtung erkennbar. Dabei wechseln hellere Sandschichtungen mit dunkleren Geröllschichten unregelmäßig ab. Auffällig sind jene Sattelstrukturen, die einen nach SW geneigten Eindruck hinterlassen (am besten zu sehen ca. 2 cm links von dem senkrechten Riß in der Aufschlußwand). Der rechte Schenkel dieser Sättel erscheint deutlich flacher.

Bild 6: Panorama Kalvarienberg und Schloßberg bei Peiting (12. 5. 1973)
(Standpunkt an der Werksausfahrt der Fa. Moralt, Peiting, Blick nach NW)

Von der Morphologie her kann man die teilweise bewaldeten Höhenrücken des Kalvarienberges (links) und Schloßbergs (rechts) leicht für Endmoränen halten. Die Aufschlüsse auf der zugewandten Ostseite gewähren dazu noch Einblick in die mächtige Geschiebelehmüberkleidung. Vom linken Bildrand zieht im Mittelgrund die höhere Terrasse gegen den Ortsrand von Peiting. Der Höhenunterschied der beiden Niveaus beträgt ca. 5—7 m.

Bild 7: Aufschlußwand „Lechhalde" auf der W-Seite des Kalvarienbergs (12. 5. 1973)
(Standpunkt am Westabfall des Kalvarienbergs, Blick nach N)

Die erodierende Wirkung des Lechs hat auf der Westseite des Kalvarienbergs einen etwa 20–30 m mächtigen Aufschluß in Form der „Lechhalde" geschaffen. Der fortgesetzten Wandabtragung fallen immer wieder große Bäume zum Opfer. Im unteren Teil der Aufschlußwand sind stark verbackene Schotter sichtbar. Über der letzten Konglomeratbank (Pfeil) folgt etwa 4 m mächtige Grundmoräne. Die Grenze verläuft von dem Strauch längs eines dunkleren Strichs gegen den rechten Bildrand, wo sie von Abraumschutt verhüllt wird. An der Erosionskante selbst wird die Grenze durch einen Hangknick offenbar.

Bild 8: Die Wessobrunner Moräne (11. 5. 1973)
(Standpunkt 200 m nördlich vom Ortsteil Schlittbach/Forst, Blick nach S)

Das Bild vermittelt einen Eindruck von der massigen Erhebung der Wessobrunner Moräne. Der Höhenunterschied zwischen der Straße und dem Hof „Reiserlehen" am linken oberen Bildrand beträgt etwa 40 m. Die relativ steile Böschung läßt sich nicht mit der Vorstellung einer überfahrenen, verschliffenen Moräne im Sinne J. Knauers in Einklang bringen. Der Aufschluß rechts im Mittelgrund wurde wie viele andere an der Außenseite der Moräne angelegt. Dort steht nach den Aussagen der Bevölkerung der „abbaufähigere Kies" an.

Bild 9: Trocken gefallene Abflußrinne der Wessobrunner Randlage (11. 5. 1973)
(Standpunkt zwischen Ortsteil Gmain und Hagenlehen, Blick nach E)

Die Straße Birkenland–Forst verläuft an dieser Stelle in der trocken gefallenen Entwässerungsrinne, deren Beginn im Hintergrund erkennbar ist. Gegen den Vordergrund verbreitet sich die Rinne beträchtlich. Ihr mäandrierender Verlauf läßt sich noch etwa 2 km in westlicher Richtung verfolgen. Die beiderseits der Straße aufragenden Hügel gehören der Wessobrunner Moräne an.

Bild 10: Terrassenrest im Zellseer Trockental (11.5.1973)
(Standpunkt an der Straße Weilheim—Wessobrunn, 200 m westlich der Abzweigung Forst, Blick nach NE)

Vom Niveau des Zellseer Trockentals führt der gut ausgebildete Erosionshang hinauf zur höheren Terrasse, die hier in einem Rest erhalten ist. Das Bauerngehöft am linken Bildrand liegt auf dem ehemaligen Schwemmkegel, dessen Oberfläche sich sanft nach E abböscht.

Bild 11: Die Rudersauer Seetone und ihre Ablagerungsfolge (12. 5. 1973)
(Standpunkt an der Illach, 200 m nördlich von Rudersau, Blick nach W)

Die Illach hat hier am westseitigen Prallhang einen Aufschluß in den Rudersauer Seetonen geschaffen, der Einblick in die Schichtenfolge gestattet. Spaten und 2-Meterstab erleichtern die Abschätzung der Größenverhältnisse. Unmittelbar über dem Wasserspiegel der Illach zeichnet sich deutlich ein dunklerer, durchwegs 50 cm mächtiger Torfhorizont ab. Darüber folgen dann ca. 2 m Seetone, in denen der rezente Boden ausgebildet wurde. Im Liegenden des Torfs lagert gröberes Material, vor allem Grobsand und Kies.

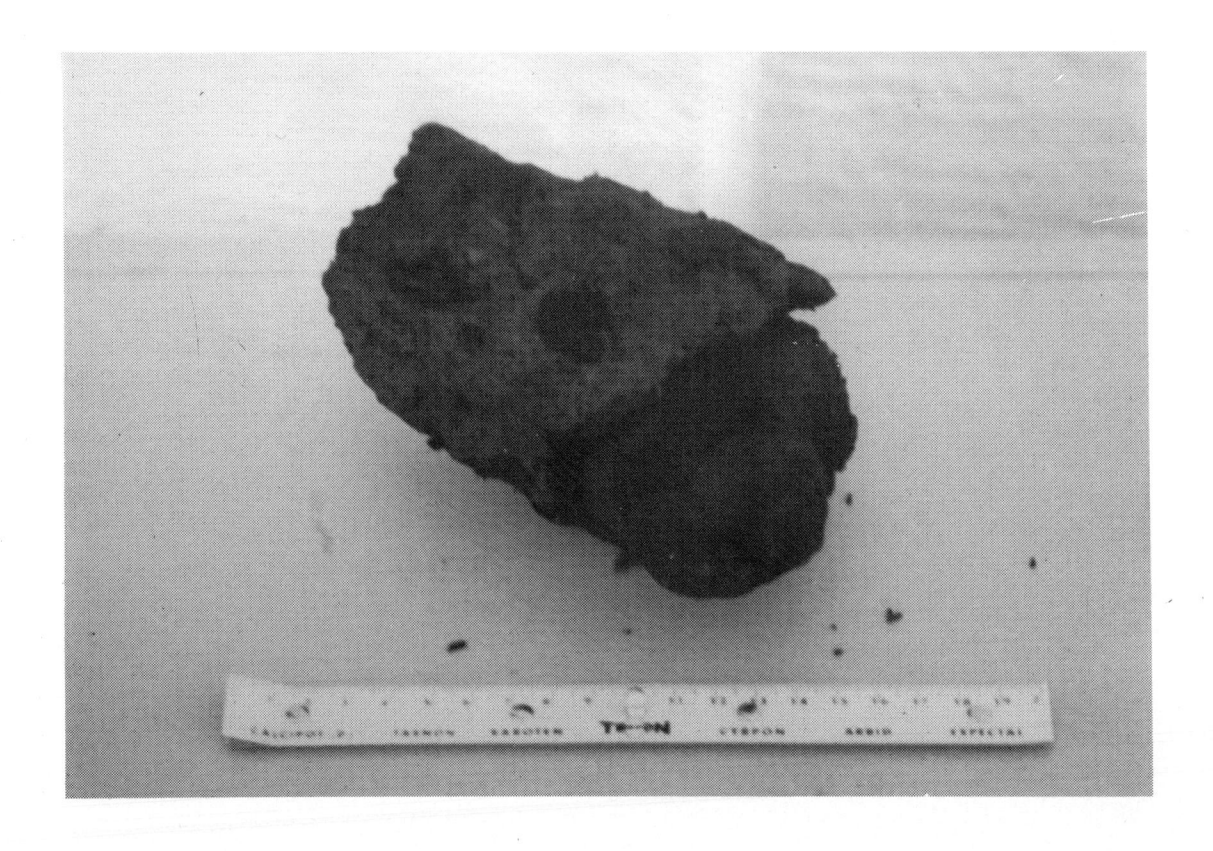

Bild 12: Holzrest aus dem basalen Torfhorizont

Es handelt sich um ein ca. 15 cm langes Stück eines Kiefernastes, dessen Querschnitt leicht elliptisch verformt erscheint. Die Borke ist fast vollständig erhalten. Das Alter des Holzes wurde mittels Radiokohlenstoff-Analysen auf ca. 5000 Jahre vor 1950 festgelegt.

Bild 13: Fichtenzapfen aus beiden Torfhorizonten

Die mittleren beiden Fichtenzapfen stammen aus dem schmalen Torfband (H I). Die hellere Farbe rührt von dem Feinsand her, welcher die organischen Bestandteile umhüllt. Die seitlichen schwärzeren Zapfen konnten aus dem basalen Torfhorizont geborgen werden. Der Erhaltungszustand der ca. 10 cm langen Fichtenzapfen war äußerst gut.

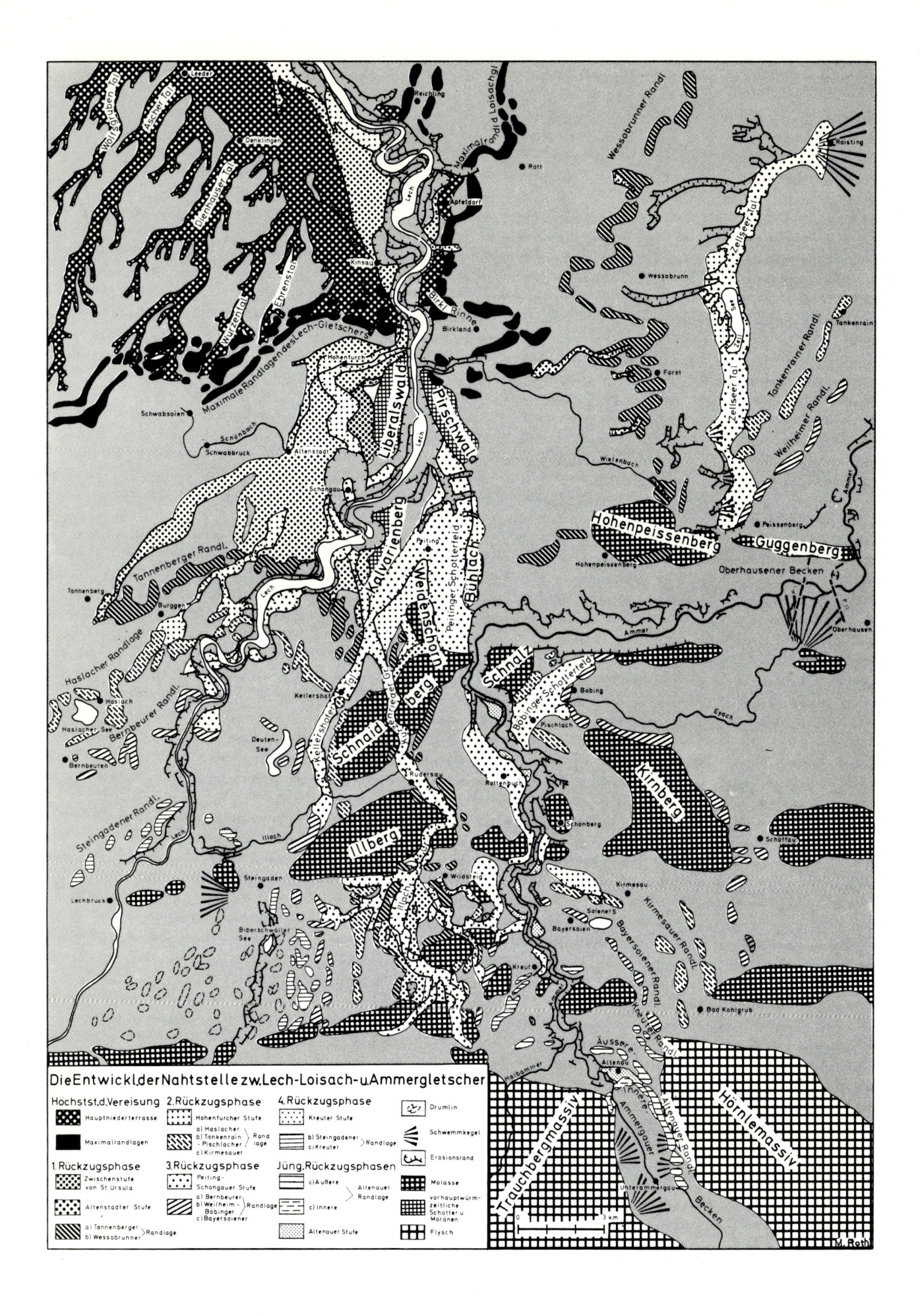

## Die Entwickl. der Nahtstelle zw. Lech-Loisach- u. Ammergletscher

**Höchstst. d. Vereisung**
- Hauptniederterrasse
- Maximalrandlagen

**1. Rückzugsphase**
- Zwischenstufe von St. Ursula
- Altenstadter Stufe
- a) Tannenberger } Randlage
- b) Wessobrunner

**2. Rückzugsphase**
- Hohenfurcher Stufe
- a) Haslacher
- b) Tankenrain-Pischlacher } Randlage
- c) Kirmesauer

**3. Rückzugsphase**
- Peiting-Schongauer Stufe
- a) Bernbeurer
- b) Weilheim-Böbinger } Randlage
- c) Bayersoiener

**4. Rückzugsphase**
- Kreuter Stufe
- b) Steingadener
- c) Kreuter } Randlage

**Jüng. Rückzugsphasen**
- c) Äußere
- c) Innere } Altenauer Randlage
- Altenauer Stufe

- Drumlin
- Schwemmkegel
- Erosionsrand
- Molasse
- vorhauptwürmzeitliche Schotter u. Moränen
- Flysch

M. Roth